LA FORTIFICATION

PERPENDICULAIRE.

TOME PREMIER.

MARC RENÉ Mis DE MONTALEMBERT
Maréchal des Camps et Armées du Roy
Lieutenant Gal des Provinces de Saintonge et Angoumois
de l'Academie Royalle des Sciences et de l'Academie
Imperialle de St Petersbourg
P. Savart, Sculp. 1776.

LA FORTIFICATION

PERPENDICULAIRE,

OU

ESSAI

Sur plusieurs manieres de fortifier la ligne droite, le triangle, le quarré, & tous les polygônes, de quelqu'étendue qu'en soient les côtés, en donnant à leur défense une direction perpendiculaire.

Où l'on trouve des méthodes d'améliorer les Places déjà construites, & de les rendre beaucoup plus fortes. On y trouve aussi des Redoutes, des Forts & des Retranchemens de campagne, d'une construction nouvelle.

Ouvrage enrichi d'un grand nombre de Planches, exécutées par les plus habiles Graveurs.

Par M. le Marquis *DE MONTALEMBERT*, Maréchal des Camps & Armées du Roi, Lieutenant général des Provinces de Saintonge & Angoumois, de l'Académie Royale des Sciences, & de l'Académie Impériale de Pétersbourg.

TOME PREMIER.

A PARIS,

DE L'IMPRIMERIE DE PHILIPPE-DENYS PIERRES,
Imprimeur du Grand Conseil du Roi, & du Collége Royal de France, rue Saint-Jacques.

M. DCC. LXXVI.
AVEC APPROBATION, ET PRIVILEGE DU ROI.

AVERTISSEMENT.

ON a été obligé, pour ne pas interrompre la suite naturelle des Matieres, de placer dans l'Avant-Propos & dans le Discours Préliminaire, des définitions, des éclaircissemens & des réflexions qui tiennent à l'Art en général, sans appartenir particuliérement à un Chapitre plus qu'à un autre; & comme l'Avant-Propos contient en même-tems un détail sommaire des objets, non-seulement de cette premiere Partie, mais de celle qui doit la suivre, il en résulte que la lecture de l'un & de l'autre sera nécessaire à ceux qui voudront saisir la totalité d'un Ouvrage, dont l'ensemble doit être seul considéré.

Lorsque les méthodes sont susceptibles de plusieurs applications, on sent qu'elles ne peuvent être traitées pour tous les cas; encore moins peuvent-elles être suivies dans tous les détails que chacun peut exiger; & c'est à l'ensemble qu'on doit alors s'attacher; on doit sentir également que les Plans, par cette même raison, ne peuvent être que des Plans généraux, les Profils, que des coupes générales, telles qu'il convient qu'elles soient pour fixer les idées, & les rendre sensibles à tous les yeux. D'ailleurs, quelques soins qu'on se soit donné pour l'exactitude des Dessins, on sait que les gravures ne sont pas susceptibles de la même précision; & que lorsqu'elles *font fur d'auffi petites échelles, les épaiffeurs, les longueurs, les largeurs, les hauteurs, ne doivent être confidérées que comme des à-peu-près. La partie mécanique des conftructions a donc été forcément réfervée pour le moment de l'exécution. Ce n'eft que dans des Deffins très en grand, & très-nombreux, qu'on peut fe livrer aux détails, & déterminer fixément les dimenfions fuivant les regles de l'Art.*

Nous devons prévenir de plus, que dans nos compofitions en général, nous nous fommes réduit par tout, autant que nous avons jugé pouvoir le faire fans inconvénient, dans des vues d'économie, plus néceffaires que jamais pour qui defire d'être utile; mais nous ne l'avons jamais fait qu'après un travail particulier fur chaque objet, dont nos conftructions ont été le réfultat. Il feroit donc très-poffible que la plûpart de ces idées, ainfi que les proportions auxquelles nous nous fommes arrêté, ne fuffent pas goûtées par ceux qui n'auront pu que parcourir cet Ouvrage, & jetter un coup-d'œil fur les Planches; fi l'on ne s'applique point à chercher les motifs qui ont pu nous déterminer, il eft probable qu'on ne les trouvera pas. Une nouveauté doit être confidérée plus d'une fois, & de plus d'un fens, pour lui ôter fon étrangeté, diroit Montaigne. Tous les flambeaux de la vérité n'ont point empêché que les anciennes erreurs n'aient eu long-tems leurs martyrs. Ceci ne veut cependant

pas dire que nous prétendions ne nous être trompé
ſur rien, & avoir remédié à tout; nous prétendons ſeulement avoir tenté d'ouvrir une nouvelle route, & avoir
donné des exemples de quelques manieres de la ſuivre,
étant bien certains que s'ils ſont imités, ils ſeront facilement ſurpaſſés ; mais alors tous nos vœux ſeront
remplis.

AVANT-PROPOS.

AVANT-PROPOS.

LE TITRE de cet Ouvrage suffit pour faire
juger de son importance. Ce ne sont point
les anciens systêmes, présentés encore à la
faveur de quelques légères différences ;
c'est une Fortification toute nouvelle ,
fondée sur les seuls principes qu'il semble
qu'on doit suivre dans la Fortification des
places. Toutes les lignes se flanquent perpendiculairement. Tous les ouvrages sont
défendus autant intérieurement qu'extérieurement , par une artillerie toujours
supérieure à celle de l'assiégeant : ce ne sont
plus ni des bastions , ni des courtines.
Les très - grands inconvéniens des uns ,
l'inutilité des autres, sont démontrés dans

Tome I.   a

cet Ouvrage. Les côtés des polygônes, quelqu'étendus qu'ils puiffent être, fe fortifient également bien dans cette nouvelle Fortification, & les quarrés ont les mêmes avantages que ceux d'un plus grand nombre de côtés. Les triangles même, de quelqu'étendue que foient auffi leurs côtés, font également bien fortifiés. Cette efpece de polygône entiérement rejettée jufqu'à préfent, comme n'étant pas fufceptible d'aucune bonne Fortification, convient cependant parfaitement à toutes les places fituées au confluent des rivieres, & fur les hauteurs formées par la réunion de deux vallées dans les pays de montagnes. Il convient fur-tout aux petits forts, pour en diminuer la dépenfe & la force de la garnifon.

Mais les méthodes contenues dans cet Ouvrage ne fe bornent pas aux nouvelles fortereffes qui pourront fe conftruire à l'avenir; elles s'étendent jusqu'aux anciennes places exiftantes : ces places, par le moyen de changemens peu confidérables, deviendront infiniment plus fortes.

On trouvera auffi une comparaifon exacte de l'étendue des remparts des fyftêmes généralement adoptés, avec ceux de cette nouvelle Fortification; l'on verra qu'à longueur égale, la nouvelle méthode enfermeroit un plus grand efpace, par une enceinte d'une beaucoup meilleure défenfe. L'on fera voir de plus, que la force du nouveau fyftême pourra être augmentée, au point de rendre une place imprenable; c'eft-à-dire, qu'en fuppofant dans une pareille forterefle, une quantité fuffifante de munitions de guerre & de bouche, elle ne fauroit être prife dans l'intervalle d'un hiver à l'autre; ce qui doit fuffire pour qu'une ville de guerre foit réputée imprenable.

Enfin les forts de campagne, & même les redoutes, ont encore ici des différences qui les rendent capables d'une bien plus grande défenfe; & jufqu'aux fimples retranchemens font fufceptibles de devenir infiniment meilleurs, en fuivant les nouveaux principes.

Les nouveautés de cette efpece ne fauroient être trop tôt mifes au jour. Le tems qu'elles reftent dans la poufliere d'un cabinet, eft toujours en pure perte. Le petit nombre de gens, au jugement defquels elles peuvent être foumifes, ne fauroient en décider, puifque les arrêts prononcés d'après les examens particuliers, font trop fouvent dictés, ou par l'intérêt qu'on prend à l'Auteur, ou par la jaloufie qu'il excite. C'eft au Public feul, & au tems, ce grand appréciateur de toute production, qu'il appartient de fixer le fort d'un Ouvrage. Si les vues contenues dans celui-ci, font de quelqu'utilité, on y aura recours tôt ou tard; mais d'autant plutôt, qu'elles auront été plutôt publiées, puisqu'il faut que toute chose acquiere son degré de maturité, & sur-tout qu'on ait, pour ainsi dire, oublié quel en est l'Auteur.

Ceci a été imprimé, en 1761, dans un Prospectus qui fut publié à l'occasion de cet Ouvrage, donné alors à l'impression. Un Ministre rempli de bonnes intentions, crut qu'il seroit plus utile au service du Roi, que ce Traité ne fût point rendu public. Il écrivit en conséquence, à l'Auteur, le 22 Avril 1761, une lettre très-bien raisonnée qu'on a jointe ici; mais le tems manque toujours aux personnes à qui il seroit le plus nécessaire; & les nouveautés les plus utiles ne font point accueillies, parce qu'elles ne font pas connues. L'Ouvrage n'a point paru dans le tems, & ce qui avoit été prévu est arrivé; il n'en a pas été question depuis.

Lettre de M. le Duc de Choiseul, alors Ministre au Département de la Guerre, à M. le Marquis de Montalembert.

A Verfailles, le 22 Avril 1761.

« J'AI reçu, Monfieur, avec la lettre que vous
» m'avez fait l'honneur de m'écrire le 19 de ce mois,
» le Profpectus que vous y avez joint, d'un Ouvrage
» que vous vous propofez de donner au Public, fur
» une nouvelle maniere de fortifier les places. Le
» fyftême que vous annoncez me paroît d'autant plus
» féduifant que la Fortification perpendiculaire, qui en
» eft l'effence, femble devoir corriger les défauts avoués
» par les meilleurs Ingénieurs, des différens fyftêmes
» qui ont été publiés, jufqu'à préfent; & qui, comme
» vous le remarquez très-judicieufement, ne font tous
» qu'un même fyftême, à quelques petits changemens
» près, incapables de remédier aux défauts effentiels du
» fyftême fondamental. L'idée de fortifier avec la même
» facilité & la même utilité, des quarrés & des trian-
» gles, de quelqu'étendue qu'ils foient, eft fi neuve &
» fi belle, que les Connoiffeurs à qui vous l'annoncez,
» ne peuvent qu'être extrêmement impatiens de voir
» paroître les deffins que vous devez produire, pour
» les convaincre de la poffibilité d'une telle Fortifica-
» tion. Je ne peux cependant m'empêcher de vous

» témoigner quelque regret de ce qu'un projet auſſi
» utile va être deſtiné pour tout le monde. Si nous en
» profitons, les Puiſſances voiſines auront auſſi le même
» avantage contre nous, & il en ſera de même que de
» l'invention de la poudre à canon [1]. Qu'il vous ſeroit
» glorieux de ſacrifier au ſervice du Roi & au bien de
» l'État vos connoiſſances, & le plaiſir de paroître en
» public, en ne confiant une auſſi bonne production
» qu'à Sa Majeſté, pour être miſe en exécution lorſque
» l'occaſion s'en préſenteroit? Il n'eſt peut-être que
» trop fâcheux que le Traité de l'Attaque des Places de
» M. de Vauban qui n'a d'abord été confié, que ſous le
» ſecret aux principaux Ingénieurs, ait paſſé chez
» l'Étranger. Au reſte ſans exiger de vous, Monſieur,
» un ſi grand ſacrifice, je me borne à vous témoigner
» combien je ferai empreſſé d'avoir communication, de
» quelque maniere que ce puiſſe être, du bel Ouvrage
» que vous annoncez.

   » Je ſuis très-parfaitement, Monſieur, &c ».

      Signé LE DUC DE CHOISEUL.

---

[1] « L'invention de la poudre à canon eſt un moyen de deſtruction.
» L'art de fortifier les places, perfectionné, eſt un moyen de conſervation;
» & ce qu'on a dû craindre pour l'un, ſemble devoir être deſirable pour
» l'autre ».

Le tems qui s'eſt écoulé depuis la date de cette lettre, n'a point été perdu ; on oſe dire même qu'il a été très-utilement employé pour l'Ouvrage, qui ſe trouve augmenté d'un grand nombre de deſſins faits avec beaucoup de ſoins.

Cet Ouvrage, tel qu'il eſt actuellement, ſe diviſe en deux Parties.

La premiere contient l'hiſtorique de l'ancienne Fortification, la maniere de l'attaquer & de la défendre. Pluſieurs ſiéges cités ſervent à fonder nos opinions. Quelques-uns de nos exemples ſont pris avant l'époque de l'invention de la poudre, & d'autres depuis cette époque, afin d'établir, ſur des faits, le jugement que nous portons de cette maniere de fortifier, en uſage pendant tant d'années, & par tant de Nations différentes.

Nous traitons enſuite des remparts baſtionnés des Modernes ; nous entrons dans

le

le détail de leurs défauts, & nous nous appuyons également de l'autorité des siéges les plus confidérables, pour déterminer nos opinions fur le mérite de ces nouvelles manieres. Nous démontrons l'infuffifance de ces méthodes, par des faits, & les dépenfes énormes qu'elles occafionnent, par des toifés exacts de leurs diverfes parties [1]. Nous prouvons qu'elles ne conviennent, ni aux grandes, ni aux petites enceintes; & fous le titre de Rétabliffement des places du Royaume, nous traitons, dans un très - grand détail, des moyens de rendre infiniment plus fortes nos places déjà conftruites, en même-tems qu'elles

---

[1] M. le Maréchal de Saxe a dit, dans les Mémoires qu'il nous a laiffés, *Tome II, Livre II, chapitre* 4: « Nous l'emportons fur les Romains » dans l'art de fortifier les places; mais il s'en faut bien que nous foyons » parvenus au point de la perfection. Je ne fuis pas bien favant; mais la » grande réputation de M. de Vauban & de M. de Cohorn ne m'en » impofe point. Ils ont fortifié des places avec des dépenfes énormes, & » ne les ont pas rendues plus fortes. La promptitude avec laquelle on les » a prifes en eft une preuve ».

Tome I.   b

en deviendroient beaucoup plus folides. Nous paffons de-là à une nouvelle méthode relative aux places à conftruire; & nous traitons, à cette occafion, des feux couverts, & des moyens de s'en procurer de très-fupérieurs à ceux de l'ennemi. Nous faifons voir, à ce fujet, que ce moyen de défenfe peut être porté à tel point, que rien ne pourra lui réfifter. L'on donne les développemens les plus grands, & les plus intelligibles, de toutes les parties de ces fortes de pieces, les plus importantes de l'art de fortifier. A la fuite de ces détails, nous revenons à la nouvelle méthode dont il eft devenu facile de faifir l'enfemble. Tous les plans, profils, élévations, perfpectives, en font deffinés avec la plus grande exactitude.

Après ces connoiffances particulieres de chaque application que nous avons faite de cette méthode, nous paffons à la

théorie générale, que nous bornons cependant, dans cette premiere Partie, aux
enceintes régulieres, ayant remis à traiter
de l'irréguliere, dans la feconde Partie.
Mais, à l'occafion des enceintes régulieres, nous donnons, pour objet de comparaifon, un quarré à quatre baftions, de
cent quatre-vingt toifes de côté, fuivant
la méthode baftionnée, changé en un
dodécagône, fuivant notre méthode. La
moitié repréfentée en fondation, l'autre à
vue d'oifeau avec tous les profils néceffaires à fon entier développement ; &
nous faifons voir combien cette derniere
maniere auroit d'avantages fur l'autre, tant
pour la force que pour l'économie.

Nous finiffons cette premiere Partie,
par l'exemple d'un polygône rectangle de
mille trente - deux toifes, fur fix cens
foixante-douze toifes, que nous préfentons fortifié réguliérement, fuivant ces

nouveaux principes, par lequel on pourra juger de la facilité qu'on auroit de fortifier des côtés beaucoup plus étendus.

La feconde Partie commence par traiter des redoutes, de leur utilité, & de l'état d'imperfection où ces premiers des forts de campagne font reftés. Nous indiquons des moyens de les rendre meilleurs ; nous prenons pour exemple les redoutes que M. le Maréchal de Saxe avoit fait exécuter à Maëftricht en 1748, devant fon camp, lors du fiége. Des plans & profils très-exacts de ces redoutes, fervent à nous fixer fur ce qui eft pratiquable en peu de tems, avec les fecours des troupes ; &, en nous renfermant dans les proportions adoptées lors de la conftruction de ces redoutes, nous faifons voir comment elles pourroient devenir beaucoup plus fortes. D'abord en n'employant que des palif-fades & des bois, tels qu'on en trouve abondamment dans le voisinage des armées, afin de ne rien proposer qui ne puisse s'exécuter très-promptement : ensuite supposant plus de loisir, & des postes plus importans à garder, nous employons de la maçonnerie disposée d'une maniere toute différente, & nous faisons voir combien un aussi petit espace pourroit acquerir de degré de force. De-là nous passons à des forts un peu plus étendus, disposés à-peu-près dans les mêmes principes quant au fond, mais différens dans plusieurs parties, pour faire connoître différentes manieres. Nos desseins les expriment exécutés en bois, & exécutés en maçonnerie. Après la description de quelques autres forts, destinés à divers usages, nous en donnons une très-détaillée d'un fort quarré que nous appellons fort Royal, qui n'a que cent trente-trois toises de côtés ; mais qui peut être regardé comme une forteresse bien au-deffus de ce que nous avons appellé jufqu'à préfent forterefle du premier ordre. C'eft une difpofition tout-à-fait différente, qui réunit les plus grands avantages, & fur-tout celui de n'exiger qu'une très-petite garnifon. Des plans exacts, des profils nombreux, & dans tous les fens, en donnent l'intelligence la plus complette. De ces forts quarrés, nous paffons à des forts triangulaires plus ou moins grands, fuivant les objets qu'on auroit à remplir, & la dépenfe qu'on voudroit y faire. Dans ces derniers, il s'y trouvent des différences très-grandes, & une variété de moyens de défenfes qui fervent à faire juger de la fécondité de ces méthodes; chaque plan eft accompagné du même nombre de profils, perfpectives, &c.

Tous ces différens forts, bien connus & bien développés, nous venons aux grandes enceintes irrégulieres, pour traiter

de l'application de la méthode dans ces
fortes de cas ; & nous choififfons l'exemple d'un terrein qui réuniroit les plus
grandes difficultés pour les méthodes en
ufage, qui coûteroient des fommes confidérables , & qui exigeroient une très-
forte garnifon. Nous nous flattons d'avoir
furmonté ces difficultés , & de n'être
tombé dans aucun de ces inconvéniens.
Nous croyons qu'aucune maniere connue,
ne pourroit remplir auffi bien le même
objet.

Les ports de mer viennent enfuite.
Nous faifons voir quels font les principes
qui doivent être conftamment fuivis à
l'égard de ces fortes de places, dont la
confervation eft fi précieufe. De-là nous
paffons aux forts deftinés à défendre l'entrée des rades , & nous donnons à cet
occafion un projet avec tous fes développemens, pour fortifier l'île d'Aix, &

garantir pour toujours la rade de Roche-
fort, de toute nouvelle entreprise.

A la suite de cet exemple, nous en
donnerons un autre pour le cas d'une anse
ou baie, favorable à un débarquement
près d'une ville importante, où nous
avons tâché de conserver les avantages du
fort précédent, quant à la défense, en le
rendant moins considérable & moins coûteux. C'est une batterie marine que nous
avons nommé batterie Royale, qui défend également le côté de la mer & le côté
de la terre, étant en état de soutenir de ce
dernier côté le siége le plus long, & faire
la défense la plus vive. Cette construction
entiérement neuve, pourra être d'autant
plus utile, que par son devis il est prouvé
qu'elle ne coûteroit que le sixieme environ de ce que coûteroit un fort à quatre
bastions à simple enceinte.

Enfin nous finissons cette seconde Partie
par

par de nouvelles vues fur les retranchemens de campagne, fur les lignes de circonvallation, & fur des redoutes d'une
autre efpece, plus particuliérement propres à ces fortes de retranchemens, & qui
femblent devoir donner beaucoup d'a-
vantages à la maniere de les défendre.

Tels font, à peu-près, les objets que
nous préfentons dans cet Effai. Nous
avons dit Effai, quoique la matiere y foit
traitée affez à fond, parce que ce titre eft
convenable à toute production nouvelle,
& peut-être convient-il encore plus aux
idées d'un Militaire qui n'eft pas dans
la claffe de ceux auxquels ces fortes de
matieres font plus particuliérement dé-
volues, & qui femblent feuls avoir le droit
d'en traiter. Mais de même qu'un bon
Ingénieur doit avoir les connoiffances d'un
bon Officier, de même nous penfons qu'un
bon Officier doit avoir celles d'un bon

Tome I.   c

Ingénieur; d'où nous prétendons n'être
forti, en aucune façon, des bornes de
notre fphère.

L'art du Génie fe divife en deux parties
totalement différentes; la partie théori-
que & la partie méchanique; & fi la
derniere peut être fpécialement réfervée
aux corps des Ingénieurs, la premiere eft,
fans doute, du reffort de tout Officier, &
plus particuliérement de tout Officier
général. Il feroit impoffible de foutenir
la propofition contraire; & fi quelques
Officiers généraux ont négligé ces connoiffances théoriques, ils ont manqué à un
des devoirs le plus effentiel de leur état.
Il faut qu'un Commandant de place, ou
de province, puiffe juger des emplacemens
& de la nature des travaux néceffaires à fa
défenfe. Celui qui doit la faire doit favoir
la préparer : il en répond; elle ne peut
être à la difpofition d'un autre. Il doit,

fans nul doute, appeller les Ingénieurs qu'il a fous fes ordres; en délibérer avec eux, tant pour profiter de leurs connoiffances théoriques, que pour prendre les moyens convenables à une prompte exécution. Ces MM. continuellement exercés dans cette partie de leur art, font d'un grand fecours; fans leurs foins, leurs talens & leur zèle, le Général le plus éclairé éprouveroit des difficultés qu'il auroit de la peine à furmonter.

Mais leur inftitution n'eft point exclufive. Nous l'avons dit, un Officier doit être Ingénieur, & un Ingénieur doit être Officier. Nous ne penfons pas même que les intérêts du corps aient été mieux entendus que ceux du fervice du Roi, lorfqu'on a fait une féparation totale des fonctions des uns & des autres. M. le Maréchal de Vauban a commandé plufieurs années en Flandres; des Ingénieurs

appliqués pourroient fervir d'une maniere
très-brillante à la guerre, s'ils y étoient
employés comme Officiers ; ce qui feroit
un très-grand bien pour leur art même,
car la néceffité rend inventif. Un Ingénieur
chargé de la défenfe d'un pofte, travaillant
pour fa gloire, feroit autrement infpiré que
lorfqu'il n'a qu'à s'employer pour celle
d'un autre. Il ne pourroit qu'en réfulter
des idées nouvelles, qui rectifieroient &
étendroient les connoiffances acquifes ; il
feroit donc très-défirable que cette féparation cefsât de divifer des fonctions, que
les plus preffans befoins réuniffent fi fouvent. La valeur eft pour ainfi dire innée
dans le corps des Ingénieurs. Ils devroient
commander des détachemens à la guerre,
à leur tour, & fuivant leurs grades ; ils en
feroient plus attachés à tout le militaire,
& le militaire tiendroit plus à eux. Ils
devroient de plus, être les Officiers d'un

corps dont les foldats feroient le fervice des autres régimens à l'armée, hors les cas de fiége où ils ne feroient plus que celui de travailleurs à la tête d'un certain nombre de travailleurs de l'armée, qu'ils commanderoient, & auxquels ils donneroient l'exemple, & du bon travail & de la fermeté dans les occafions fréquentes où elle eft néceffaire. Ces foldats, en tems de paix, feroient exercés à tous les travaux relatifs au génie, & feroient fûrement de la plus grande utilité en campagne. C'eft ainfi que nous voudrions que l'art, & les inftrumens de l'art, fuffent rendus capables d'opérer de plus grandes chofes. Nous ne pouvons ici jetter que quelques idées fur ce dernier objet. C'eft du premier que nous avons dû nous occuper uniquement.

Nos titres, pour en traiter, font, quarante-cinq années de fervice dans une

continuelle étude de ce qui a rapport à cet
art : font, d'avoir fait quinze campagnes
de guerre, en Flandre, en Italie, en Allemagne, fur le Rhin, en Baviere, Bohême,
Weſtphalie, Hanovre, Poméranie, Bran-
debourg, Siléſie, toujours occupé des
mêmes objets; d'avoir été employé deux
campagnes à l'armée Suédoiſe, & deux à
l'armée Ruſſe; d'avoir été employé Commandant à l'île d'Oléron en 1761, dans
le tems que cette île étoit menacée de
toutes les forces de l'Angleterre, après la
priſe de Belle-Iſle; d'avoir ſuivi, jour par
jour, les tranchées de neuf ſiéges; d'avoir
été dans la plus grande partie des places
de guerre de l'Europe, les viſitant avec
les yeux de l'Obſervateur le plus attentif;
d'avoir enfin été dans le cas de mettre en
pratique avec ſuccès, quelques-unes de
nos méthodes pour la défenſe de la ville
d'Anclam ſur la Peine, en Poméranie;

pour celle du faubourg de la ville de Stralſund, appellé Kenipre, pendant les ſix mois que nous y avons été bloqués avec l'armée Suédoiſe; enfin pour la dé-fenſe de la citadelle d'Oléron, où nous avons ajouté pluſieurs de nos ouvrages avec un camp retranché en avant, exé-cutés ſur nos deſſins & ſous nos ordres, qui ont obtenu les approbations les plus flatteuſes.

Mais ce n'eſt point aſſez de le dire ici, il eſt de notre devoir de rendre publics les témoignages reſpectables que nous en avons, puiſqu'ils ſerviront à fixer l'opinion qu'on doit avoir de ces méthodes.

L'extrait que nous allons rapporter de quelques lettres de M. le Duc de Choiſeul, Miniſtre de la Guerre, & de M. le Maré-chal de Sennectere, Commandant alors en Aunis & Saintonge, nous en fournira une preuve authentique.

Lettre de M. le Duc de Choifeul, Miniftre de la Guerre, à M. le Marquis de Montalembert, Maréchal de Camp, Commandant à l'île d'Oléron.

Du 15 Octobre 1761.

« J'AI reçu, Monfieur, la lettre que vous m'avez
» fait l'honneur de m'écrire le 8 de ce mois, par la-
» quelle vous m'informez que M. le Maréchal de
» Senneétere s'eft rendu lui-même à l'île d'Oléron,
» avec M. Franquet de Chaville (Direéteur du Génie),
» pour y vifiter vos ouvrages. *Les témoignages avanta-*
» *geux qu'il m'a rendu de votre camp retranché & de*
» *vos redoutes, m'ont fait le plus grand plaifir, & je*
» *ne fuis pas moins fatisfait de l'état de la citadelle,*
» *&c.* ».

Lettre de M. le Maréchal de Senneétere, Commandant en Aunis, à M. le Marquis de Montalembert.

A Didonne, le 16 Octobre 1761.

« EN rendant compte, Monfieur, à M. le Duc de
» Choifeul, de la fatisfaétion que j'avois eue dans la
» vifite & l'examen des ouvrages que vous avez fait
» faire ou commencer en Oléron, tant à la citadelle
» qu'aux retranchemens, pour la défenfe extérieure,
» dont il n'y en avoit pas un que je ne regardaffe
» comme

» comme très-néceffaire, j'ai marqué au Miniftre,
» qu'en conformité de fes ordres contenus dans fes
» lettres des 19 & 28 du mois paffé, nous avions arrêté
» qu'il feroit travaillé fans délai aucun, à perfectionner
» les ouvrages commencés à la citadelle, lefquels M.
» de Chaville & moi, nous trouvions, ainfi que vous,
» indifpenfables pour fa défenfe.

» Que ce Directeur du Génie & moi avions été très-
» contens de vos retranchemens & de leur emplace-
» ment qui couvre la pointe d'ors, & par conféquent la
» communication à la terre ferme, que les trois redoutes
» font de vraies fortereffes ».

*Poft-fcriptum de la lettre de M. le Duc de Choifeul,
en date de Fontainebleau, le 23 Octobre 1761, écrit
entiérement de fa main.*

« LE nombre des troupes qui font dans l'île, demande
» pour la fimple police, un Commandant à demeure,
» ainfi que la perfection des travaux. Je vous prie donc,
» mon cher Montalembert, d'être le moins long-tems
» chez vous qu'il vous fera poffible. Tout le monde
» chante vos louanges, & vous ne doutez pas du
» plaifir que j'ai de voir que vous êtes fi utile au fervice
» du Roi ».

Tome I.   d

Ces redoutes, que M. le Maréchal de
Sennectere a jugé être de vraies forterefſes,
étoient d'une conſtruction tout-à-fait
nouvelle, ainſi que les retranchemens par
leſquels elles étoient liées. Ce camp retranché, avec ſon local, & la diſpoſition
pour ſa défenſe, ſe trouveront dans la ſeconde Partie de cet Ouvrage, où le tout
ſera expoſé dans le plus grand détail, ainſi
que les nouveaux ouvrages faits à la citadelle; & l'on y trouvera peut-être quelque
mérite de plus, quand on ſaura que toutes
ces conſtructions ont été exécutées en
quatre mois, n'étant arrivé à l'île d'Oléron
que le 15 Juin de la même année, d'après
les ordres que nous en avons reçu, du 31
Mai. Ces ordres nous furent adreſſés ſur
les avis que le Miniſtre avoit eu d'Angleterre, qu'après la priſe de Belle-Iſle, les
Anglois avoient le projet d'aller attaquer
l'île d'Oléron. On apporta donc à ces

ouvrages la plus grande célérité; & l'on peut ajouter la plus grande économie, puifque nous avons un état arrêté par le fieur de la Sauvagere, Ingénieur en Chef de l'île, fous nos ordres, de toutes les dépenfes occafionnées par ces différens travaux, qui ne monte qu'à la fomme de quatorze mille cinq cent cinquante livres quatorze fols huit deniers.

Il eft très-effentiel, dans un Ouvrage de la nature de celui-ci, qui annonce des nouveautés, de faire connoître l'exécution qu'elles ont eue, & les approbations qu'elles ont méritées de ceux qui en font les véritables juges, afin de leur ôter l'afpect défavorable que préfentent affez communément des idées purement fpéculatives. On fe flatte donc qu'on ne regardera pas, comme un effet de l'amour-propre, les détails dans lefquels nous nous fommes vus obligé d'entrer.

Nous aurions pu nous étendre beaucoup plus, & faire un Chapitre fort inté-
ressant de tous les obstacles qu'il a fallu
surmonter dans ce commandement : de
toutes les calomnies qu'il a fallu détruire;
de toutes les cabales qu'il a fallu dissiper.
Pourquoi? pour que l'État fût défendu,
& l'honneur de la Nation conservé; mais
les développemens des effets d'une aussi
basse jalousie, éclairant moins les bons
Citoyens qu'ils ne les effraient; il nous
a paru préférable de les taire.

DISCOURS

PRÉLIMINAIRE.

Il a fallu de tout tems avoir recours à l'art,
pour se garantir de la tyrannie du plus fort ; mais il
paroît que l'homme est naturellement plus habile
à détruire, qu'ingénieux à conserver, puisqu'on
n'a pas encore trouvé de moyens suffisans pour
résister à ces ambitieux & puissans Princes, qui ne
naissent que trop souvent pour le malheur des
Nations.

Les places fortes sont les seules digues qu'on
puisse opposer à ces torrens destructeurs ; mais
elles sont moins un obstacle aujourd'hui qu'un
sujet de triomphe. Dès que le sort d'une bataille
a décidé de celui qui doit rester maître de la
campagne , le vainqueur ne fait que voler de

conquête en conquête. Des villes puiffantes en-
tourées d'un bon mur & d'un bon foffé, ne lui
donnent pas le tems de douter de leur foumiffion;
elles s'empreffent d'envoyer des Députés, pour
implorer la clémence de leur nouveau Maître [1].
Les villes enceintes de baftions & de demi-lunes,
fans autres ouvrages extérieurs, attendent feulement, pour fe rendre aujourd'hui, que les fappes
& les batteries foient établies fur la crête du glacis. Lorfqu'elles réfiftent quinze ou vingt jours,
c'eft beaucoup. Il n'y a donc que les villes de
guerre du premier ordre, que ces grandes villes
à double & triple enceintes, qui ont coûté des fommes immenfes à fortifier, & des fommes encore
plus confidérables, pour l'entretien d'une groffe
garnifon; que ces villes fur-tout qui fe trouvent
contenir une petite armée, lorfqu'elles font
invefties, qui peuvent foutenir un fiége dans les
formes. En faifant une belle défenfe, ces places
tiennent fix femaines, ou deux mois de tranchée

---

[1] Au fiécle de François I, & de Henri II, plus de cent ans après
l'invention de la poudre, ces mêmes places ont eu fouvent la gloire de
rendre inutiles les efforts des plus puiffantes armées; on en trouvera
plufieurs exemples dans cet Ouvrage.

ouverte. C'eſt tout ce qu'on peut en eſpérer : cependant c'eſt encore un puiſſant obſtacle ; & ſi ces places pouvoient devenir plus fortes, il n'y a point à douter qu'elles ne fuſſent capables d'arrêter les armées les plus formidables. Les Militaires inſtruits ſavent avec quelles peines & quelles dépenſes on parvient à raſſembler toutes les munitions & tout l'attirail néceſſaires au ſiége d'une place du premier ordre. Il paroît qu'on touche au *nec plus ultrà* de l'attaque des places. S'il falloit beaucoup plus de canons & beaucoup plus de tems, il faudroit, après en avoir perdu la plus grande partie, ſe retirer honteuſement, lorſque la ſaiſon ne permettroit plus de tenir la campagne.

Ainſi des places fortes feroient une barriere capable de garantir des provinces entieres des horreurs de la guerre. Un État, dont les frontieres feroient bordées de places imprenables, n'auroit vraiſemblablement point de guerre à ſoutenir ; les conquêtes faciles ont toujours fait naître des Conquérans. Quel art peut donc être plus digne de nos ſoins que celui à la perfection duquel ſont attachés le bonheur & la tranquillité du genre humain ? Puiſque l'exemple de tant de ſiécles nous apprend que la feule impuiffance peut mettre un frein à l'injuftice des hommes, cherchons des moyens de défenfe qu'ils puiffent refpecter; réduifons-les, s'il eft poffible, à la néceffité d'être équitables.

C'eft dans cet efprit que j'ai fait quelques recherches fur les moyens de perfectionner la défenfe des places. Je dois avouer que la grandeur du motif a pu feule vaincre ma répugnance. Ce que j'avois appris dans ma jeuneffe fur l'art de fortifier les places, felon les fyftêmes des Ingénieurs les plus eftimés, m'avoit totalement dégoûté de cette fcience. Les connoiffances qu'on acquiert en ce genre, font d'autant plus rebutantes, qu'elles éclairent fur les défauts confidérables de toutes les méthodes de fortifier, fans fournir aucun moyen d'y appliquer les remèdes; elles font même plus, car on ne fauroit s'occuper de la théorie de la fortification univerfellement adoptée, fans parvenir bientôt à la démonftration de l'impoffibilité de la perfectionner, en fuivant cette même théorie: d'ailleurs, fi l'on confidere la petite différence qui regne entre ce qu'on appelle les différens fyftêmes de fortification, on eft

tenté

tenté de croire que tous les Auteurs n'ont fait que
donner leur nom à la même méthode ; d'où l'on
doit conclure naturellement que l'impoſſibilité
de ſortir du cercle étroit, dans lequel on tourne
depuis ſi long-tems, eſt dans la nature de la choſe
même ; puiſque tant de grands Hommes ont fait
à cet égard des efforts inutiles. Des faces, *a*, des Planche
flancs, *b*, avec des courtines, *c*, qui les lient ; voilà   I.
tous les ſyſtêmes de fortifications. C'eſt ſur les   *Fig.* 1.
différentes longueurs & inclinaiſons de ces trois
lignes, qu'on a écrit des volumes. Les uns ont
donné à l'angle flanqué, *f*, plus ou moins de
degré, ſelon les proportions qu'ils ont jugé à
propos de donner à la ligne, *d*, qu'on appelle
la perpendiculaire : d'autres ſe ſont attachés à
combiner de toutes les façons poſſibles, les
dimenſions des faces, des flancs & des courtines,
alongeant & raccourciſſant les unes ou les autres
ſelon leur gré ; mais ce ſont ſur-tout les flancs qui
ont donné lieu aux diſſertations les plus étendues,
& aux diſputes les plus vives. Errard, un des
premiers Auteurs de ſyſtêmes, plaçoit ſon flanc   *Fig.* 2.
perpendiculairement à la face, comme on le voit
g h, afin, diſoit-il, de le dérober au canon de

Tome I.   e

l'affiégeant; mais à la vérité, s'il n'étoit que très-peu vu, il voyoit auffi très-peu; ainfi il annulloit fon flanc, pour ainfi dire, en prétendant le cacher. Le Chevalier de Ville, pour diminuer le défaut confidérable du fyftême d'Errard, tira fon flanc $g\,i$, perpendiculaire à la courtine, & fon flanc en devint meilleur; mais le Comte de Pagan trouva, avec raifon, que le Chevalier de Ville n'avoit point affez fait; que le flanc devoit être perpendiculaire fur la face & fur le foffé qu'il doit défendre; ce qui l'engagea à faire fon flanc, $g\,k$, perpendiculaire à la ligne de défenfe, $f\,k$; c'étoit, fans contredit, la véritable pofition du flanc, puifque la défenfe perpendiculaire a toujours été regardée comme la meilleure de toutes les défenfes. On n'eftime les ouvrages extérieurs placés devant le baftion & la courtine qu'autant qu'ils fe flanquent perpendiculairement, & l'on n'en a toléré l'obliquité que par la prétendue impoffibilité de donner des défenfes perpendiculaires à tous ces ouvrages. La fituation du flanc du Comte de Pagan fembloit donc devoir terminer la difpute, mais on prétendit encore que pour avoir voulu approcher trop près du but, il l'avoit paſſé ; que toute la ligne du flanc n'étoit point perpendiculaire à la face ; qu'il n'y avoit que le ſeul point, *k*, de cette ligne ; que tous les autres points de la ligne du flanc étoient ce qu'on appelle *fichant*, ſur la face. Enfin l'on fit ce raiſonnement ſingulier contre la poſition du flanc du Comte de Pagan, que l'angle flanqué, *f*, étant le point à conſidérer, il falloit que le flanc fût placé de la façon la plus avantageuſe à la défenſe de ce point, comme ſi toute la largeur du foſſé, *l m*, où ſe fait le pont pour ſon paſſage, ne méritoit pas encore plus d'attention. M. le Maréchal de Vauban ayant adopté ce principe, fit faire à ſon flanc, *g u*, un angle aigu avec la ligne de défenſe, moins aigu cependant que celui *Fig. 2.* du flanc, *g i*, du Chevalier de Ville, & l'on eſt étonné de voir qu'un ſi grand Homme ſe ſoit attaché à une ſi petite différence : de plus, pour défendre encore mieux cet angle flanqué, il fit ſon flanc, *p q*, concave, dans la vue auſſi de l'expoſer moins au ricochet. Enfin il adopta l'orillon, *r*, déjà connu, en ſacrifiant le tiers de ſon flanc, pour que les deux autres tiers fuſſent moins expoſés aux batteries des aſſiégeans, &

pour conferver une feule piece vers, *q*, qui n'eft vue d'aucun point de la campagne, parce qu'elle ne peut voir que la face du baftion oppofé [1]; ainfi les flancs concaves & à orillons, ont été pratiqués en beaucoup d'endroits, & adoptés par beaucoup d'Auteurs modernes; cependant avec des changemens, foit dans leurs longueurs, foit dans leurs inclinaifons; car il a fallu du moins ajouter ou retrancher quelques toifes aux faces, aux flancs, ou aux courtines, pour prétendre à l'honneur d'avoir créé un fyftême.

Mais fi les différentes pofitions des flancs ont partagé, pendant fi long-tems, les plus habiles Ingénieurs, les avantages ou les défavantages des feconds flancs n'ont pas moins exercé leur plume. On appelle fecond flanc, la partie de la courtine qui peut défendre la face du baftion oppofé, lorfque la ligne de défenfe aboutit à quelque point de la courtine, & non à fon extrémité; ainfi la ligne de défenfe, *f c*, aboutif-
Fig. 1. fant au point, *c*, fur la courtine, la partie, *n c*, de

---

[1] Cette piece, ainfi que toutes les autres du flanc, peut être prife en rouage, & être démontée par le ricochet.

la courtine s'appelle second flanc, parce qu'elle flanque aussi, quoique fort obliquement, la face, *a*, du bastion opposé. On a fait contre les seconds flancs, deux objections principales; la premiere qu'ils défendoient très - obliquement la face; qu'ainsi leur valeur ne pouvoit pas être considérée selon l'étendue de la ligne, *n c*, mais seulement la ligne, *n o*, d'où l'on voit que cette objection n'en est point une: car le flanc, *g o*, défend mieux la face du bastion que le flanc, *g n*, puisqu'il est plus étendu; la seconde, que pour se procurer des seconds flancs, il falloit rendre plus aigu l'angle flanqué, *f*, mais comme tous les Auteurs font convenus que cet angle pouvoit être depuis 60, jusqu'à 110 & 120 degrés, sans aucun inconvénient, & que dans tous les polygônes, au-dessus du pentagône, on peut avoir des seconds flancs, sans que l'angle flanqué soit moindre de 60 degrés, il suit que ce reproche fait au second flanc, n'est pas mieux fondé que le premier; & l'on ne sait pourquoi, dans les principes adoptés, l'on n'a pas suivi plus généralement cette méthode.

Tel est l'abrégé des plus importantes disputes qui se sont élevées sur cette matiere. Ce seroit les renouveller que de s'y arrêter plus long-tems ; il suffit, pour cet inftant, d'avoir fait connoître leur frivolité.

Ce n'eft pas que je ne rende juftice aux talens de plufieurs de ceux qui ont écrit fur cette matiere. Quelques-uns ont fait d'auffi bonnes chofes qu'il étoit poffible d'en faire, en fuivant les méthodes en ufage ; ils ont même donné de grandes preuves de génie dans leurs différens Traités ; mais en fe contentant de chercher à corriger les méthodes très-défectueufes de leurs prédéceffeurs, ils n'ont pu qu'être moins défectueux qu'eux. Si M. de Cohorn n'eût pas connu les ouvrages du Comte de Pagan, il n'eût point adopté fon fyftême, & ne fe feroit pas borné à le rendre meilleur [1], il auroit, fans doute, trouvé dans fon propre fond, un nouvel art : du moins devoit-on l'efpérer d'un Homme tel que lui. M. le Maréchal de Vauban, entiérement préoccupé du tracé des remparts baftionnés, voulant être auteur d'un nouveau fyftême, n'a imaginé que des tours

---

[1] Le premier fyftême de M. de Cohorn, eft abfolument le même que celui du Comte de Pagan, auquel il a feulement ajouté une tour cafmatée à chaque orillon, pour défendre les faces hautes du baftion.

baſtionnées & des contre-gardes à flancs, qui ne font que des baſtions détachés. Ces contre-gardes baſtionnées n'ont même pas opéré le véritable effet de la double enceinte, pour laquelle feule elles femblent avoir été faites. Les gens de l'art ont obſervé, qu'elles ne couvrent pas aſſez le grand rempart, ou la derniere enceinte; qu'elle peut être battue en breche, par des batteries établies fur la crête du glacis; d'où il fuit que le corps de la place étant ouvert en même-tems, que les breches aux contre-gardes feront praticables, il ne fera pas néceſſaire d'établir de nouvelles batteries fur la contre-garde même, pour ouvrir ce dernier rempart : qu'il fuffira d'y étendre le logement jufqu'aux flancs, de droite & de gauche, pour préparer l'affaut au corps de la place ; à quoi il eſt vifible que les tours baſtionnées ne peuvent apporter aucun obſtacle. Plufieurs Auteurs eſtimables, ont traité des défauts de ce fyſtême, entr'autres le Chevalier de Saint-Julien, dans fon Architecture Militaire, que l'on peut confulter.

Ce génie, fi fupérieur dans l'attaque, ne nous a donc point éclairé de même dans la défenfe. Ne doit-on pas fuppofer qu'il eût eu plus de fuccès,

s'il eût cherché à s'écarter des routes déjà tracées.
Enfin, tous ceux qui font partis des mêmes principes ont trouvé, à-peu-près, les mêmes réfultats.
Ainfi, l'art de fortifier les places, malgré tous les
efforts qui ont été faits pour le perfectionner, eſt
reſté fort au-deſſous de ce qu'il étoit avant l'invention de la poudre. Cette aſſertion étonnera, ſans
doute, dans les préventions qui exiſtent; mais
c'eſt par ce qui doit ſuivre, qu'on jugera ſi elle eſt
fondée, & ſi les tentatives que j'ai faites, pour
ouvrir une nouvelle carriere, peuvent produire
quelques changemens avantageux; cet Eſſai aura
toujours rempli, en partie, ſon objet, s'il peut
exciter les Savans en ce genre, à faire de nouvelles
recherches, ſur un art qui intéreſſe auſſi eſſentiel-
lement la ſûreté & la tranquillité de toutes les
Nations.

                                            LA

LA FORTIFICATION

PERPENDICULAIRE.

PREMIERE PARTIE.

Origine & progrès de la Fortification.

CHAPITRE PREMIER.

*Des Remparts, des Places fortes & de leurs défenses,
avant l'invention de la poudre.*

Si l'intérêt commun a rassemblé les hommes,
& formé les premieres bourgades, l'intérêt de

Tome I.   A

leur confervation a de même donné naiſſance au premier art de fortifier les places.

Cet art étoit ſimple dans ſon origine. Un foſſé paliſſadé fut, ſans doute, la premiere de toutes les fortifications ; mais dès que les villes devinrent plus conſidérables, elles ſongerent à conſtruire des remparts plus ſolides ; le ſoin de conſerver des femmes, des enfans, des richeſſes, ce ſentiment ſi naturel à tous les peuples, les éclaira bientôt ſur des moyens plus ſûrs de remplir ce grand objet. Ils éleverent de hautes murailles; ils les flanquerent de tours plus hautes encore ; ils creuſerent, en avant de cette enceinte, un foſſé large & profond ; & cette fortification, toute ſimple qu'elle puiſſe paroître, ne ſauroit être mépriſée, ſans confondre les tems, & méconnoître la nature de l'attaque à laquelle elle devoit réſiſter.

Les Anciens des tems dont nous parlons, n'avoient rien à craindre pour leurs murailles, tant que le comblement du foſſé n'étoit point achevé. C'eſt une obſervation eſſentielle à faire, pour qui veut comparer cette eſpece de fortification avec la moderne. Ainſi la grande élévation de leurs murs & de leurs tours, étoit entiérement à leur

avantage. Ces tours, & fur-tout les tours rondes,
extrêmement folides par leur conftruction, met-
toient l'affiégeant dans la néceffité de s'attacher à
la muraille, que depuis nous avons appellé courtine, pour y faire breche; mais alors les hélépoles,
ou tours bellieres, étoient expofées par leurs
faces & par leurs flancs à tous les traits, ainfi qu'aux
feux d'artifice partant des remparts, & l'on a
fouvent vu ces énormes machines fuccomber fous
les efforts redoublés des affiégés, avant d'avoir
rendu aucune breche praticable.

Dans ces circonftances, l'affiégeant fe trouvoit
obligé de conftruire de nouvelles tours, avec une
perte de tems, & des difficultés quelquefois fi
grandes, que plufieurs places ont dû leur falut
à la deftruction de ces tours de charpente faites
avec tant de foins, & conduites au pied des murailles avec tant de peines.

L'Hiftoire ancienne nous fournit nombre d'e-
xemples de villes qui n'ont pu être foumifes par
les efforts ni par la conftance de leurs ennemis.
Ce fameux Carthaginois, ce brave Hymilcon, qui
défendit Lillibée avec tant de valeur & tant d'art,
força les Romains, après avoir mis en cendres

toutes leurs machines, de convertir le siége en blocus. Les siéges de Jérusalem, de Tyr, de Carthage, de Numance, de Rhodes, de Marseille, seront à jamais mémorables par l'opiniâtreté de leur défense. Sans remonter jusqu'au fameux siége de Troye, la ville de Veyes ne fut réduite qu'au bout de dix ans; & si Camille ne se fut point avisé de conduire une galerie souterreine, du camp, jusques sous le temple de Junon, dans la citadelle, jamais les Romains ne se fussent rendus maîtres de cette place. Au siége d'Ambracie, le Consul voyant qu'il ne pouvoit rien avancer à force ouverte, fut forcé d'avoir encore recours à une pareille galerie souterreine; mais les assiégés s'étant apperçus qu'on creusoit la terre, ils firent un grand fossé derriere la muraille, vis-à-vis du lieu où l'on travailloit, d'où ils ouvrirent un passage qui alloit droit à la galerie des assiégeans. Alors les assiégés y livrerent un combat des plus sanglans; & au moyen de la fumée qu'ils parvinrent à introduire dans la mine, ils en chasserent entiérement les Romains.

On ne sauroit donc lire l'Histoire de ces tems, avec quelque attention, sans se convaincre de l'excellence de la fortification ancienne ; car rien ne peut être bon ou mauvais dans ce genre, qu'en proportion de ce qu'il remplit plus ou moins son objet ; & dès qu'elle fournissoit aux assiégés des moyens de rendre souvent inutiles tous les efforts des assiégeans, malgré leur supériorité en nombre, on est obligé de convenir que cette fortification méritoit les plus grands éloges.

On ne peut point objecter que les forteresses anciennes n'ont dû leurs longues résistances qu'à la mollesse de l'attaque, & à l'ignorance des attaquans. Nous n'avons point vu, de nos jours, dans nos siéges, des combats plus vifs, ni plus fréquens que ceux qui se livroient sous les murs de ces places ; & nous ne pouvons de même mettre en parallele l'art des travaux des Anciens avec celui qu'exigent nos tranchées & nos batteries. Ce dernier est simple ; il est à la portée de tout le monde, tandis que la construction des tours bellieres, avec tout ce qui étoit nécessaire pour les faire mouvoir, exigeoit les plus grandes connoissances dans les Ordonnateurs de ces travaux, & beaucoup d'habileté dans ceux qui devoient les exécuter. L'effet prodigieux de leurs

baliftes & de leurs catapultes étoit auffi entiérement dû à l'art de leur conftruction, puifque
nous n'avons point encore pu parvenir à donner,
à beaucoup près, la même force aux machines
de cette efpece qui ont été faites de nos jours,
à l'imitation de celles des Anciens. Il faut donc
néceffairement leur accorder autant de fcience
dans la conduite de leur attaque, que de valeur dans
fon exécution ; & comme ils y joignoient prefque
toujours une grande conftance, il réfulte que des
remparts capables de réfifter à des moyens auffi
puiffans, étoient une efpece de fortification qui
laiffoit peu de chofe à defirer. Que ne pouvons-nous
en dire autant de la fortification moderne ! Il s'en
faut bien qu'elle ait confervé les mêmes avantages.

Avant l'invention de la poudre, il régnoit une
efpece d'équilibre entre l'attaque & la défenfe
des places, l'on pouvoit même dire, en mettant
à part le défaut de fubfiftances, que la défenfe
jufqu'à ce tems avoit eue fouvent la fupériorité ;
mais depuis cette époque, ou plutôt depuis M. le
Maréchal de Vauban, l'attaque à pris le deffus à
tel point, & la défenfe a été tellement négligée,
qu'on ne peut, pour ainfi dire, plus regarder

aujourd'hui les places de guerre , comme des places fortes [1] ; en effet , l'on ne voit pas que les fiéges les plus mémorables faits depuis ce tems , aient duré plus de quarante , cinquante & foixante jours de tranchée ouverte. La ville de Lille , une des premieres places fortes du Royaume , fut défendue en 1708 par une groffe garnifon qui y fit des prodiges de valeur ; cependant après une réfiftance de deux mois , elle fut forcée de fe rendre. La breche étoit faite au corps de la place en quatre endroits ; & combien de villes qui paffent pour fortes ont réfifté moins de tems ? La ville d'Ath étoit une de celles que M. de Vauban avoit fortifié avec le plus de foin. L'In-génieur qui nous a donné le Journal de fon fiége , affure que ce grand Homme s'étoit attaché à donner les proportions les plus avantageufes à toutes les lignes de cette fortification. Il paroît en effet par fon plan , qu'il ne pouvoit mieux faire , en fuivant les principes qu'il avoit adoptés pour compofer fon fyftême. Cependant lorfqu'il en

---

[1] La guerre eft plus allumée que jamais ; on me l'écrit de la Flandre , où les fortereffes tombent comme les tuiles au moment d'une tempête , *Tome I, Lettre XI* de Clément XIV (*Ganganelli*).

conduifit lui même le fiége en 1697, cette place ne tint que treize jours de tranchée ouverte. Il eft vrai que ce favant Ingénieur établit pour la premiere fois, dans ce fiége, l'ufage des ricochets; & que par ce moyen, ayant enfilé les faces & les flancs de tous les ouvrages du front d'attaque, la garnifon ne put tenir fur les remparts, ce qui lui donna la facilité de pouffer fes travaux contre la place avec autant de vîteffe que de fûreté; mais plus le fuccès de cette nouvelle maniere d'employer l'artillerie fut grand, plus il a démontré le foible de cette fortification.

C'eft à ce fiége qu'on peut fixer l'époque du plus haut point de perfection où foit parvenue l'attaque. L'emplacement des batteries y ayant été déterminé judicieufement fur le prolongement des faces & des flancs des ouvrages, il n'eft plus refté aux affiégés aucune poffibilité de conferver leur artillerie; & dès que le feu de l'artillerie d'une ville affiégée eft éteint, la garnifon la plus vigoureufe ne peut retarder que de quelques jours la capitulation de la place.

C'eft ainfi qu'on a vu en Flandres dans la guerre de 1741, les villes les plus fortes ne tenir que 15

ou

ou 20 jours de tranchée ouverte. Namur n'a tenu
que 7 jours ; les châteaux 6 jours. La feule ville
de Berg-op-Zoom a tenu 62 jours de tranchée
ouverte ; mais l'on ne fauroit trop s'étonner de
ce qu'elle a pu même être prife. En examinant les
plans les plus exacts des attaques de cette place,
qui ont été publiés depuis, on ne trouve pas deux
batteries dont l'emplacement ait été déterminé
felon les principes de M. le Maréchal de Vauban.
Auffi le feu de la place n'a-t-il jamais été éteint.
Comment donc cette garnifon, rafraîchie fans
ceffe par terre & par mer, foutenue d'une armée,
a-t-elle pu fe laiffer forcer ? Ce font des événemens
extraordinaires, marqués au coin de la Providence,
dont il faut bien fe garder de fe prévaloir, pour
former de femblables entreprifes, & fur-tout pour
les conduire avec auffi peu d'art.

La défenfe de Landaw, par M. de Mélac, en
1702, eft la plus belle que nous puiffions citer.
Elle mérite certainement les plus grands éloges,
puifque ce brave Gouverneur a tenu dans une
affez petite place, 82 jours de tranchée ouverte.
Voilà le terme le plus long des fiéges depuis
cent ans. La défenfe qui a fait tant d'honneur au

Marquis d'Uxelles, en 1689, n'a duré que 40
jours. Celle de Douay, par M. d'Albergoti ; &
celle d'Aire, par M. de Goëbriant, en 1710,
n'ont duré que 52 jours. Il feroit inutile d'entrer
dans une plus longue énumération de femblables
exemples. On fait affez qu'on ne doit point attendre aujourd'hui, des meilleures places, des
réfiftances plus longues ; & il n'y a nullement de
quoi s'en étonner, en confidérant combien la fortification moderne donne d'avantages à l'affiégeant,
& fournit peu de reffources pour l'affiégé ; mais
comme cette vérité très-importante ne femble pas
avoir été apperçue autant qu'elle auroit dû l'être,
& que ceux même qui fe font le plus occupé d'y
apporter quelque remede, font tombés, à-peu-près
dans les mêmes inconvéniens ; il eft indifpenfable
d'abord de bien établir le mérite de la fortification
ancienne depuis l'invention de la poudre, afin
d'être plus en état de démontrer qu'on ne l'a point
rendue meilleure, & qu'on ne peut efpérer d'y
parvenir, qu'en adoptant d'autres principes.

CHAPITRE DEUXIEME.

De la défense des Remparts anciens, depuis l'invention de la poudre jusqu'à l'époque des Remparts baſtionnés.

Les Anciens conſtruiſoient leurs remparts de différentes façons, avec différentes hauteurs, & différentes épaiſſeurs ; des tours quarrées ou rondes flanquoient leurs murailles de diſtance en diſtance, à-peu-près comme on le voit Planche 1, PLANCHE 1. *fig.* 3 ; mais plus ſouvent les tours rondes étoient Fig. 3. préférées à cauſe de leur plus grande ſolidité, quoiqu'elles flanquaſſent moins bien les parties du mur ; ce qui a, ſans doute, donné lieu à la méthode d'entremêler une ou deux tours quarrées entre des tours rondes, plus ſaillantes que les premieres, telle qu'on les voit *fig.* 4, afin de ſe Fig. 4. procurer de meilleurs flancs ; car avant l'invention de la poudre, les flancs des remparts étoient d'une toute autre influence qu'ils ne l'ont été depuis. La raiſon en eſt très - évidente, quoiqu'elle n'ait peut-être pas encore été ſentie ; c'eſt qu'il falloit ſéjourner au pied des murailles pour y faire breche avec les belliers, continuellement expofé au feu des flancs; tandis qu'au moyen de nos batteries de canons établies en-deçà du foffé, on renverfe toute une face de baftion, fi l'on veut, fans avoir à en approcher qu'au moment de l'affaut. Nous aurons occafion de revenir à cette obfervation très-importante.

Ces murailles étoient des ouvrages confidérables par leur hauteur & leur épaiffeur. Elles étoient quelquefois doubles & triples dans de certaines parties; & ces fortes d'enceintes ont été capables d'une grande réfiftance, non-feulement avant l'invention de la poudre, ainfi que nous l'avons déjà fait obferver, mais même depuis. Dans l'intervalle qui s'eft écoulé jufqu'à l'ufage des remparts baftionnés, l'Hiftoire nous a tranfmis un très-grand nombre de fort belles défenfes de places, qui n'ont pu même être forcées.

Or tous les Auteurs s'accordent à fixer l'époque de cette invention funefte de la poudre au quatorzieme fiecle. Ducange [1] dit qu'on voit

---

[1] Il cite un compte de Berthelmy du Drach, Tréforier des Guerres pour ladite année 1338, où l'on trouve cet article. « *A Henry de*

dans les Regiftres de la Chambre des Comptes,
que l'ufage en étoit en France dès l'année 1338.
Mézeray rapporte qu'Édouard, à la bataille de
Crecy, du 26 Août 1346, jetta l'épouvante dans
l'armée Françoife, par cinq ou fix pieces de canon,
parce que c'étoit la premiere fois qu'on voyoit de
ces foudroyantes machines; & comme ce n'eft que
vers le milieu du feizieme fiecle que les remparts
baftionnés ont commencé à être en ufage, il fuit
que les anciens remparts de toutes les places fortes
de l'Europe ont eu à réfifter aux efforts du canon,
pendant plus de deux cent cinquante ans; & il
feroit facile de prouver qu'il y a eu plus de fiéges
levés pendant cet efpace, qu'il n'y en a eu depuis;
mais toujours ces remparts apporterent-ils une
réfiftance au moins auffi grande que celle de nos
enceintes baftionnées. Quelques exemples en formeront une preuve inconteftable.

» *Faumachon, pour avoir poudre & autres chofes néceffaires aux canons,*
» *qui étoient devant Puy - Guillaume* », (château en Auvergne). Ces
premiers canons fe nommerent le plus fouvent bombardes.

SIÉGE DE CONSTANTINOPLE.

CONSTANTINOPLE aſſiégé en 1453 , par cet Empereur des Turcs ſi redoutable , Mahomet II , réſiſta deux mois à une armée de quatre cent mille hommes que ce Prince y avoit conduits. Les Relations que nous avons de ce ſiége mémorable , deſtructeur de l'Empire d'Orient, nous apprennent que cette grande ville ne contenoit pas plus de cinq mille hommes de garniſon lorſqu'elle fut inveſtie , & qu'elle fut battue , dès les premiers jours , par une artillerie formidable. Tous les Hiſtoriens du tems font mention, entre-autres d'une piece de canon qui fut conduite devant ſes murs avec ſoixante paires de bœufs. Suivant Phranzès , il n'en fallut que quarante ; mais il ajoute que ce canon tiroit une pierre de douze mille livres peſant , & que mille hommes étoient employés à le ſervir. Léonard, Archévêque de Mytilene, qui envoya au Pape (*Nicolas* V), la Relation du ſiége, dit que divers boulets tombés dans la ville , qu'il avoit meſurés , avoient onze palmes de circonfé-rence. On eſtime que la palme des Grecs étoit de neuf pouces deux lignes, ce qui feroit cent pouces dix lignes, & à-peu-près trente-deux pouces une ligne de diamètre. A cette artillerie si foudroyante étoient jointes encore, suivant les mêmes Historiens, toutes les autres machines de guerre anciennement en usage, balistes, catapultes, hélépoles, belliers, &c. Cependant ils nous apprennent que la résistance de cette foible garnison, derriere ces anciens murs, fut telle, qu'après plus de sept semaines d'attaques les plus vives, Mahomet balança s'il ne leveroit pas le siége. Son opiniâtreté seule lui fit hazarder un dernier assaut général par toute son infanterie, dont la plus grande partie ne pouvant attaquer par les breches, quoiqu'elles fussent grandes & nombreuses, fut pourvue d'échelles pour les dresser contre les murailles entieres qu'elles devoient escalader. Un premier assaut général fut repoussé, après avoir duré trois heures ; & ce ne fut qu'à un second encore plus nombreux & plus long, que cette malheureuse ville fut emportée. Pourrions-nous en attendre davantage aujourd'hui de nos villes de guerre les mieux fortifiées? Cependant cette défense ne fut point ce qu'elle auroit pu être. Constantin Dracose, dernier Empereur d'Orient,

Prince de peu de mérite, n'étoit ni affez craint, ni affez refpecté de fes fujets, pour foutenir, avec fuccès, une pareille défenfe. Tous les Grands de cette Monarchie, près de fa ruine, plus occupés de leur haîne & de leur jaloufie, que de leur devoir, n'étoient conduits que par des intérêts particuliers, toujours contraires aux intérêts de la Patrie. L'Anarchie, cet indice certain de la chûte des États, étoit à fon comble dans cet Empire chancelant. L'Empereur ne pouvant compter fur aucun des fiens, fe vit forcé de confier la dé-fenfe des principaux poftes à des Étrangers, & fut trahi par un de ceux en qui il avoit le plus de confiance. Juftinien, Génois, qu'il avoit fait fon Commandant général ayant été bleffé, abandonna lâchement un des poftes les plus importans. Les foldats fe voyant fans Chef, crurent tout perdu, & ne firent qu'une molle réfiftance. C'étoit un des endroits que les Turcs attaquoient avec le plus de furie. Ils s'apperçurent du défordre, & fe précipiterent en foule de ce côté. L'Empereur qui n'avoit fait aucune difpofition pour avoir en réferve quelque corps d'élite à porter où les attaques feroient les plus vives, n'écouta que fon défefpoir :

défefpoir : il fe jetta au milieu d'un gros des ennemis, où il trouva la mort, qu'il cherchoit, fans doute, plutôt que la victoire.

Cependant cette défenfe, quelque malheu-reufe qu'en ait été l'iffue, prouve qu'avec plus de moyens & plus de talens militaires de la part de l'Empereur, il eût pû triompher derriere fes anciennes murailles, de toutes les forces de Mahomet; mais c'eft une vérité dont on ne pourra douter après les autres exemples que nous nous propofons d'en donner.

SIÉGE DE BELGRADE.

CE MÊME PRINCE, ce redoutable Mahomet, après s'être affermi dans fa nouvelle conquête, perfuadé qu'il pouvoit, à l'avenir, tout entre-prendre, fe préfenta devant Belgrade au mois de Mai 1456, avec des forces pareilles à celles qu'il avoit raffemblées devant Conftantinople. Les Auteurs font mention également d'une armée de quatre cens mille hommes, & d'une artillerie tout auffi formidable; mais il n'eût pas en cette occafion pour adverfaire un fecond Dracofe. Huniade, ou Jean Corvin, ce fameux Vaïvode

Tome I.   C

de Tranfilvanie, fe chargea de fecourir & de défendre cette importante place. Au premier avis qu'il reçut des approches du Sultan, il raffembla à Bude, fur le Danube, une foixantaine de faïques & de brigantins, qu'il chargea de toutes fortes de provifions de guerre & de bouche, & s'embarqua lui-même fur cette flotte, réfolu de fecourir Belgrade, ou d'y périr. Mahomet qui ne négligeoit rien de ce qui pouvoit affurer fes entreprifes, avoit auffi fait équiper, de fon côté, deux cens bâtimens de cette efpece, qui furent au-devant de la flotte d'Huniade, efpérant l'accabler du moins par la fupériorité du nombre. Le combat fut auffi-tôt engagé; mais l'habileté & le courage d'Huniade fuppléerent à tout. Ses faïques plus légéres & mieux commandées, faifoient face à plufieurs à la fois, & étant parvenu à rompre l'ordre de bataille des Ottomans, la victoire fe déclara enfin en fa faveur. Les Chrétiens s'emparerent de vingt-quatre faïques Turques, qu'ils conduifirent à Belgrade; cependant malgré l'arrivée d'un renfort fi confidérable, & d'un Chef de la valeur & de la capacité d'Huniade, Mahomet n'en perfévéra pas moins dans fon entreprife. Il fembla même depuis ce moment, qu'il avoit redoublé d'efforts ; il fit dreffer nombre de batteries nouvelles, qu'il fit tirer avec une telle vivacité, qu'en peu de tems, la place fe trouva ouverte en plufieurs endroits ; alors fans confidérer le fang qu'il alloit faire couler, n'écoutant que fa féroce valeur, il fit préparer une quantité innombrable d'échelles, & ordonna, en même-tems, un affaut général par les breches, avec une efcalade contre les parties des murailles reftées entieres ; de maniere que la ville fut affaillie de tous les côtés à la fois. Mais la valeur & le génie d'Huniade fut oppofer par-tout des efforts proportionnés à la violence des attaques. On combattit de toutes parts, toute la journée, avec une égale fureur, fans que cette valeureufe garnifon pût être entamée d'aucun côté. Les Ottomans repouffés par tout, ne fongerent plus qu'à la retraite. Leurs Chefs repréfenterent au Sultan, qu'il étoit facile de mourir, & non de vaincre des troupes auffi intrépides, qui avoient à leur tête un Capitaine auffi habile & auffi brave qu'Huniade ; mais le Sultan furieux, protefta hautement, qu'il vouloit emporter la place, ou y périr avec toute fon

C 2

armée. Il fut donc réfolu de donner, le lendemain, à la pointe du jour, un affaut plus nombreux encore que le précédent. Toute l'infanterie de l'armée eut ordre, de fe porter fur le bord du foffé, pour foutenir les affaillans. Ils y marcherent tout à découverts, le Sultan à leur tête, & les Chrétiens en firent une horrible boucherie. Les affiégés foutinrent cette nouvelle attaque avec la même intrépidité, que celle de la veille, en imitant leur Général, qui étoit le premier par tout, & le plus expofé. Le carnage fut fi grand, qu'on évalue les morts à plus de trente mille. Le Sultan même y fut bleffé à la cuiffe. Enfin, les Janiffaires battus & rebutés, eftropiés, couverts de fang, accablés de fatigue, abandonnerent ces funeftes murailles, fans ordre, fans difcipline, avec tant de précipitation, qu'ils laifferent, au pouvoir des Chrétiens, leur artillerie & la plus grande partie de leurs bagages. Mahomet y ayant perdu fes meilleurs Généraux, fut forcé, après trois mois d'attaque, de lever le fiége; & ce fut le 6 Août 1456, jour que le Pape Calixte III, rendit célébre, par la fête de la Transfiguration de Notre-Seigneur, qu'il inftitua, en mémoire d'une victoire si importante. Belgrade étant regardée alors, comme le boulevart de la Chrétienté.

Mais ces succès coûterent cher aux Chrétiens, par la perte qu'ils firent de leur plus brave défenseur; le grand Huniade mourut de ses blessures, peu de jours après la victoire mémorable qu'il venoit de remporter.

PREMIER SIÉGE DE RHODES.

A ce Siége célébre, dont la fin fut si malheureuse pour les assiégeans, nous en joindrons un autre, sous le même régne, tout aussi mémorable, qui n'eut pas pour eux un meilleur succès; c'est le premier siége de Rhodes, sur lequel nous ne dirons qu'un mot, les détails en étant trop connus. Cette place étoit entourée par une double enceinte de murailles, flanquées de distance en distance, de grosses tours, avec un fossé large & profond au dehors; tel étoit l'état de la ville, lorsque le grand Visir Paléologue, en entreprit le siége, le 23 Mai 1480. Mais après avoir ouvert les murailles de cette place, en divers endroits, par une artillerie formidable; après y avoir fait plusieurs attaques, avoir livré nombre de combats fur les breches, la réſiſtance invincible de la garniſon l'obligea, le 18 Août, à rembarquer fon armée, dont il avoit perdu plus de la moitié.

Nous avons d'abord pris, en Orient, nos exemples, tant à cauſe de leur célébrité, que de leur authenticité ; mais nous en donnerons de moins anciens, & qui nous touchent de plus près, afin de faire voir, que ces mêmes murailles flanquées de tours, ont été, dans tous les tems, & dans tous les pays, capables de la même réſiſtance, lorſqu'elles ont été défendues avec la même valeur.

Siége de Metz.

Le Siége de Metz, fous Henri II, par l'Empereur Charles-Quint, en 1552, fut foutenu par François, Duc de Guife, avec autant de fuccès, & fûrement avec moins de moyens que la ville de Rhodes. Metz avoit alors, la même étendue qu'aujourd'hui, & n'étoit enceinte que d'une feule muraille, à tours rondes & quarrées, dont l'entretien avoit été, depuis long-tems, négligé, comme il en eſt arrivé, de tous les tems, chez nous. Elle n'avoit point d'ouvrages extérieurs. On ne les connoiſſoit pas dans ce tems-là. Les foſſés étoient très-étroits, & comblés dans quelques endroits.

Le Duc de Guiſe eut beaucoup à faire pour mettre cette mauvaiſe place en état de quelque défenſe. Il fit raſer les fauxbourgs, & fit élever pluſieurs cavaliers au dehors, pour y placer du canon. On éleva des remparts derriere les murs. On y conſtruiſit de grands retranchemens; on mit l'artillerie en état de bien ſervir, & l'on fit entrer dans la place, des vivres & munitions de guerre. La garniſon, qui n'étoit d'abord que de douze compagnies d'infanterie, fut augmentée juſqu'au nombre de près de cinq mille hommes de pied, & de ſept à huit cens chevaux. Pluſieurs Princes & Seigneurs s'y rendirent pour y ſervir volontaires, ſous le Duc de Guiſe. C'étoit l'uſage alors. La jeune Nobleſſe cherchoit à ſe diſtinguer par des faits d'armes. On tenoit compte des actions d'éclat. La bonne renommée, la valeur brillante, menoient aux grands commandemens; en ſe diſtinguant, on étoit diſtingué, dans ces ſiécles militaires, ſi l'on peut ſe ſervir de cette expreſſion.

Sous le précédent régne, & fous celui-ci, (Henri II), les Bayard & les d'Effé, parvinrent par leur valeur à la plus grande réputation. Nous parlerons à la fuite de cet article, de l'un & de l'autre, tant à caufe de la fimilitude, qui fe trouve dans leur fortune militaire, dans leur vie & dans leur mort, qu'à caufe de la gloire qu'ils acquirent; le premier à la défenfe de Mézieres; le fecond aux défenfes de Landrecy & de Thérouanne.

Cependant après des retards dans l'exécution des projets de l'Empereur contre Metz, fon armée, fous les ordres du Duc d'Albe, & du Marquis de Marignan, y arriva le 19 Octobre; & leurs attaques furent dirigées du côté de la porte Champénoife, aujourd'hui le côté de la citadelle. Dès que le Duc de Guife s'apperçut que l'attaque des Impériaux étoit dreffée fur cette porte, il y fit faire de nouveaux retranchemens, tant au dedans qu'au dehors. Pour éloigner d'autant plus les ennemis, & favorifer ces travaux, le Duc fit faire dans ces commencemens de vigoureufes & fréquentes forties, qui retarderent beaucoup le progrès des tranchées, en même-tems qu'elles donnerent le tems aux affiégés de perfectionner leurs ouvrages,

de

de maniere qu'ils parvinrent à avoir prefque par tout, une nouvelle enceinte au dedans de la ville, bien plus forte que le corps de la place, qui ne valoit rien. C'eft ainfi que Salignac, dans fa Relation du fiége de Metz, s'en explique, comme en ayant été témoin oculaire ; ce qu'il eft à propos de remarquer, parce qu'on verra que cette place n'a dû fon falut qu'à des travaux, dans fon enceinte intérieure.

La plus grande partie, & les plus groffes pieces de canon des Impériaux, furent dreffées contre les murs de la porte Champénoife, & contre une longue courtine de la muraille aboutiffant à une des principales tours appellée la tour d'Enfer, qui étoit au-delà de la gauche de l'attaque.

L'Empereur arriva le 20 Novembre de Thion-ville, où il avoit été retenu par la goutte. Alors le canon avoit déjà ruiné une grande partie du boulevart de la porte Champénoife, & de la mu-raille qui étoit derriere. Il vifita les tranchées, & fit étendre l'attaque jufques par-delà la tour d'Enfer : cet endroit étant le moins foible, on n'y avoit point fait de retranchement ; mais le Duc de Guife y fit travailler jour & nuit, de maniere

qu'il fut achevé avant que les batteries du camp
fuſſent prêtes. Quelques jours après , deux batteries, l'une de trente-ſix pieces , l'autre de quinze,
foudroyerent les tours de Lignere & de Saint-
Michel. Les gabions en furent fracaſſés , & les
canons démontés: ainſi le feu des aſſiégeans devint
fort ſupérieur, & fit trois breches à la muraille.

Le 28 , le canon continuant avec la même
force , une grande partie de la muraille tomba
tout-à-coup dans une longueur d'environ vingt
toiſes ; mais les ennemis furent fort étonnés d'appercevoir, en même-tems , derriere la breche, un
gros rempart bien ſolide, qui commandoit leurs
tranchées ; ce qui les obligea de faire un épaulement, pour ſe couvrir du feu des arquebuſiers,
partant de ce rempart.

De ces faits bien conſtatés , il réſulte que
l'eſpace derriere les anciens remparts étant vaſte ,
de grands & bons retranchemens pouvoient y
être pratiqués ; que c'étoit une reſſource certaine ,
que des garniſons vigoureuſes ne manquoient pas
d'employer ; & au moyen deſquels elles ne crai-
gnoient pas les breches aux murs d'enceinte, ni
les aſſauts à ces breches.

L'Empereur voyant le derriere des breches si
bien retranché, en fit faire de nouvelles, en divers
endroits des murailles, qui se trouvoient, sans
doute, découvertes de la campagne, dans l'espé-
rance de n'y pas trouver de doubles remparts ;
mais le Duc de Guise, infatigable dans ses travaux,
intarissable dans ses ressources, eut toujours des
retranchemens élevés derriere les breches, avant
qu'elles fussent praticables. Tant de vigilance &
tant d'activité, rebuterent enfin l'Empereur. Il
sentit que dans une saison aussi rude, s'il restoit
plus long-tems devant cette place, il perdroit
toute son armée ; ce qui le détermina, le lendemain de Noël, à lever le siége, après 65 jours
d'investiture, & 45 jours depuis que ses batteries
avoient commencé à battre la place.

Ce siége nous présente un fait important à
remarquer. Une armée qu'on fait monter à plus
de cent mille hommes, ayant fait dans des murailles anciennes plusieurs breches considérables,
s'est toujours trouvée arrêtée par des retranchemens inattaquables, élevés derriere toutes ces
breches, & n'a pû entreprendre, avec quelqu'apparence de succès, d'y donner un seul assaut. Et

D 2

quoi qu'on puiffe attribuer cette conduite de l'Empereur, plutôt au defir de conferver fes troupes, qu'à une impoffibilité abfolue d'y réuffir; il en réfulte toujours que ces retranchemens étoient de nature à en impofer; & que de femblables travaux ne peuvent manquer d'être fouvent le falut des places. Ainfi nous ne faurions donner trop d'éloges au Duc de Guife, fur une auffi belle défenfe, fur-tout dans un Ouvrage de la nature de celui-ci, dont l'objet eft d'exciter, par des exemples, à imiter ceux dont les actions nous offrent de grands modeles.

C'eft dans cette vue que nous n'avons pas cru devoir omettre celles de deux grands Capitaines de ce même fiécle, dont nous avons déjà fait mention; le Chevalier Bayard, & le Seigneur d'Effé. Brantome, & tous les Hiftoriens contemporains, louent autant leur grande vertu que leur grand courage.

Siége de Mézieres.

Le Chevalier Bayard, (Pierre Duterrail [1]), dont la vie n'eft qu'une fuite d'actions valeureufes,

---

[1] Naquît en Dauphiné, en 1475, d'une famille noble, & ancienne

dans la guerre de campagne, n'eut qu'une feule
occafion de fe diftinguer dans la défenfe des
places; mais il s'en acquitta avec le même honneur
& le même fuccès qu'il eut dans tous fes exploits
militaires. La ville de Mézieres étoit menacée
d'un fiége, en 1521; le Roi choifit Bayard, pour
lui confier cette place, qui n'étoit ceinte que
d'un mauvais rempart très-ancien. Les eaux de la
Meufe dont les foffés de la ville étoient remplis,
faifoient fa principale défenfe. Bayard avoit avec
lui quelques compagnies d'hommes d'armes,
avec quelqu'autres compagnies d'infanterie, & un
corps de jeune nobleffe, qui étoit venu fe joindre
à lui, ainfi que c'étoit l'ufage, dont Anne de Montmorency, depuis Connétable, fut du nombre.
La ville n'avoit point d'ouvrages extérieurs; on
ne les a connu que long - tems après. Dès les
premiers jours, les batteries de l'ennemi firent
un feu fi violent, qu'on eftima qu'elles tirerent
cinq mille coups de canon en quatre jours. Une
artillerie fervie avec autant de vivacité, eut bientôt

dans la province; pauvre, mais généralement eftimé par des fervices
militaires anciens & diftingués.

fait plufieurs breches au rempart ; mais l'activité de Bayard à les réparer, & les forties continuelles qu'il faifoit, dans lefquelles il renverfoit tous les travaux des ennemis, le garantiffoient d'un affaut au corps de la place, qui ne pouvoit fe faire tant que le comblement de fon foffé plein d'eau n'étoit pas fait ; mais la défunion s'étant mife entre les deux Généraux, commandans les troupes du fiége, le Comte de Naffau, & le Général Sikingue, il en fut profiter avec habileté, pour concerter, avec le Roi , les moyens de le fecourir. Ces moyens réuffirent. Le Roi fit entrer dans la place un grand fecours de troupes, de munitions de guerre & de bouche, au moyen duquel Bayard fe propofa de laffer la patience de fes ennemis ; mais de leur côté, leur efpérance de fe rendre maîtres d'une place défendue par un tel Commandant, n'étant fondée que fur la foibleffe de fa garnifon, & fur la difette dans laquelle elle fe trouvoit ; dès qu'ils eurent connoiffance du fecours introduit dans la place, les deux Généraux ne fongerent plus qu'à abandonner une entreprife, dont le fuccès étoit devenu impoffible, & laifferent au Chevalier Bayard l'honneur d'avoir défendu plus d'un mois, une très-mauvaise place ouverte de toutes parts , & manquant de tout ce qui étoit néceffaire à fa défenfe.

Bayard, après avoir fait réparer les breches, fur les bruits que le Roi étoit à la veille de donner bataille, fortit de Mézieres, & fe rendit auprès de lui tout armé, & dans le même état où il étoit en défendant Mézieres. Le Roi le reçut avec toutes les marques de bonté & d'eftime qu'il méritoit, lui fit l'honneur de l'embraffer; l'honora du collier de fon Ordre, & le fit Capitaine de cent hommes d'armes, n'étant jufqu'alors que Lieutenant de la compagnie d'hommes d'armes du Duc de Lorraine.

On fait la fin glorieufe de ce grand Homme, trois ans après, en 1524, ayant reçu un coup de fufil dans les reins, à la retraite de Rebec; il expira comme il avoit vécu, avec la fermeté d'un Héros.

SIÉGE DE LANDRECY.

LE SEIGNEUR D'ESSÉ, (André de Montalembert [1]), s'étoit diftingué dès fes plus jeunes ans,

---

[1] Il naquît en Poitou, vers l'an 1483. Brantome en parle fort au long dans fes Hommes Illuftres, *Difcours* 64.

dans les guerres d'Italie. Il fut chargé au commencement de 1535, du commandement de mille chevaux, à la fuite de l'Amiral Chabot; il fe jetta dans Turin, menacé d'un fiége, avec fa compagnie, & n'en fortit que pour aller prendre Ciria, qu'il emporta par efcalade. En 1543, il fut choifi par le Roi François I, pour commander à Landrecy, & mettre cette place au plutôt en état de défenfe; mais à peine d'Effé y fut-il arrivé, que l'Empereur parut à la tête de cinquante mille hommes, en forma le fiége, & fit battre la place fi vivement, qu'il y eut bientôt une breche confidérable. La garnifon étoit très-foible, & très-mal pourvue; mais elle avoit un Chef intrépide qu'elle feconda bien. D'Effé fut oppofer aux efforts de Charles-Quint, les forties les plus vives, & les plus fréquentes, dans lefquelles il remportoit toujours les plus grands avantages. Dans une de ces actions de vigueur, il pénétra jufqu'à une des batteries des affiégeans, mit en fuite toutes les troupes de la tranchée; & s'étant rendu maître du canon, il en fit entrer une piece dans la place. L'Empereur voyant une garnifon fi déterminée à la réfiftance la plus opiniâtre, n'ofa jamais expofer

fes

ſes troupes à un aſſaut ; & d'Eſſé eut la gloire de tenir ainſi en échec, pendant trois mois & demi, une armée compoſée des troupes d'Eſpagne, d'Allemagne, d'Italie & d'Angleterre.

Cependant cette garniſon accablée de fatigue, & dénuée de vivres, ſe trouva prête à être réduite à la derniere extrémité. Les aſſiégeans ſe flattoient d'avoir bientôt par famine, ce qu'ils n'avoient pû obtenir à force ouverte, & ralentirent leurs attaques ; ce qui détermina d'Eſſé à faire ſortir de la place, le 8 Octobre, le Capitaine Dyville, déguiſé, pour aller informer le Roi, de l'extrémité où il ſe trouvoit. Ce Prince, ſur cet avis, ſe mit en marche ſur le champ, s'approcha de la place ; & par des opérations auſſi hardies que bien combinées, y jetta de nouvelles troupes ; ce qui détermina l'Empereur à lever le ſiége. Brantome s'exprime ainſi à ce ſujet :

« Ladite ville (Landrecy), de ce tems-là,
» n'avoit garde d'être forte comme elle a été
» depuis ; car on la diſoit n'être faite que de
» boue & de crachats ; de tels mots uſoit-on pour
» montrer ſa foibleſſe. Le ſiége en fut long ; &
» nonobſtant les aſſauts, fatigue, veilles, faim

» & autres incommodités qu'ils y endurerent,
» s'y faisoient-ils ordinairement de belles sorties
» sur l'ennemi, dont ils ne remportoient pas
» toujours du pire ; & encore lui enleverent - ils
» une piece de canon, qu'ils firent rouler dans
» le fossé. Après force beaux exploits faits, le
» Roi François le vint envitailler à la barbe de
» l'Empereur, qui fut une action très-remarqua-
» ble, tant de l'envitaillement que de la retraite;
» ce qui fut cause que l'Empereur en leva le
» siége. M. d'Essé fut fait Gentilhomme de la
» Chambre, qui étoit un grand & honorable
» état pour lors, &c ».

Le siége de Landrecy, entrepris, sans succès,
avec une armée, composée des troupes les plus
aguerries, contre une garnison foible & dénuée
de tout, est encore un exemple remarquable de
la résistance dont les anciens remparts étoient
capables, contre l'artillerie la plus formidable,
lorsque le Commandant se trouvoit réunir la
capacité à la valeur. Ce même d'Essé va nous en
fournir encore un exemple.

Après avoir commandé les armées du Roi,
avec la plus grande distinction en Écosse, &

avoir reçu, à fon retour, le collier de fon Ordre, d'Effé s'étoit retiré, à la paix, à fa Terre de Panvillier, en Poitou, efpérant de s'y guérir d'une très-forte jauniffe, que les fatigues de la guerre avoient enracinée en lui, depuis quelques années; mais il y reçut bien-tôt un courier du Roi, qui lui ordonnoit de venir le trouver, au plutôt, pour s'aller jetter dans Thérouanne, fur le point d'être affiégé par l'Empereur. Nous allons, fur ce fait, extraire le Pere Daniel & Brantome, afin de rendre plus authentique ce que nous avons à en dire, & faire connoître les ufages & les opinions du tems.

SIÉGE DE THÉROUANNE.

« COMME le Roi avoit, à cœur, la confer
» vation de cette place [1], (Thérouanne), il
» donna ordre à André de Montalembert, de
» faire fon poffible, pour s'y jetter. Ce Seigneur,
» plus connu dans le monde fous le nom d'Effé,
» étoit un vieux Capitaine, qui avoit foutenu,
» avec beaucoup de gloire, le fiége de Landreçy

---

[1] Hiftoire de France du P. Daniel, *Tome VIII, page 83.*

E 2

» contre l'Empereur, fous le dernier régne, &
» conduit, avec fuccès, la guerre d'Écoffe,
» contre les Anglois. Il entra dans Thérouanne
» avec cinquante hommes d'armes, deux cens
» hommes de cavalerie légere, & deux compa-
» gnies d'infanterie : il avoit avec lui, François de
» Montmorency, fils aîné du Connétable (Anne
» de Montmorency), qui s'étoit également jetté
» dans Mézieres, avec le Chevalier Bayard (en
» 1521), Baudine de Pienne, Laroche-Pozay,
» Blandi, Ferriere, cadet de la Maifon de Bour-
» deilles, Onarti, Martigues, Dampierre,
» Baillet, Baudiment, Saint-Romain. Le Ca-
» pitaine Grill y entra auffi, peu après, avec
» cent arquebufiers.

» Le Comte de Reux étant mort de maladie,
» dès le commencement du fiége, le comman-
» dement de l'armée Impériale fut donné à Cézar
» Ponce de Lalaing, Seigneur de Benicourt,
» qui, après dix jours d'une furieufe batterie,
» fit breche à la muraille & y donna l'affaut.

» L'exemple du fiége de Metz, & les autres
» fuccès des armées Françoifes, animoient la
» garnifon à en foutenir la gloire. L'affaut fut

» bravement foutenu pendant dix heures , & les
» Impériaux repouffés avec grande perte. Celle
» des affiégés fut beaucoup moindre pour le
» nombre; mais c’en fut une véritable que celle
» du fieur d’Effé , qui y fut tué, le 12 Juin
» 1553 ; Montmorency prit le commandement,
» jeune Capitaine, qui avoit plus de valeur que
» d’expérience.

» Le Connétable voyant fon fils chargé d’une
» fi importante affaire , envoya un nouveau fe-
» cours , fous les ordres des Capitaines San-
» Roman & de Breuil, qui, nonobftant les
» précautions de Lalaing , entrerent dans la
» place avec trois cens fantaffins.

» Ce Général n’ofant tenter un fecond affaut,
» *pouffa fes tranchées jufqu’au foffé*, & attacha le
» mineur à la muraille. La coutume étoit alors,
» plus qu’aujourd’hui, de fe défendre jufqu’à la
» derniere extrémité, lors même qu’il n’y avoit
» point d’armée en campagne pour le fecours;
» & c’étoit à prendre fes précautions, à éventer
» les mines , à faire des retranchemens dans la
» place, que confiftoit le devoir d’un Comman-
» dant; mais l’habileté requife pour cela , ne

» s'acquiert gueres que par une longue expé-
» rience, que Montmorency n'avoit pas.

» La mine joua, le 20 Juin, & fit une ouver-
» ture, par où l'on pouvoit entrer à cheval.
» Montmorency furpris, & hors de garde, fit
» battre la chamade, &c ».

Le récit de Brantome [1], à ce fujet, eft intéref-
fant, en ce qu'il peint au naturel, la maniere dont
les braves du tems vivoient, & avec quelle bonté,
diftinction, & familiarité, ils étoient accueillis
de nos Rois.

« Étant donc (d'Effé), en fa maifon, (de
» Panvillier), au lieu de s'amender de fa maladie,
» il fembla qu'elle s'empira, & le tourmenta
» plus qu'auparavant, fi bien qu'il en penfoit, à
» toute heure, mourir, & traînant ainfi fa vie en
» langueur, j'ai oui dire qu'il la maudiffoit cent
» fois le jour; qu'il ne l'avoit perdue, en tant
» de combats & guerres, où il s'étoit trouvé,
» & qu'il fût réduit à mourir dans un lit, comme
» un cagnardier, le plus pauvre qui fût jamais,
» & ainfi que bien fouvent, de tels propos,

---

[1] Brantome; Hommes Illuftres, *Tome II, page 212.*

» entretenoit ſes amis, avec larmes & ſoupirs ; ar-
» riva un courier du Roi, à lui, qui lui porta man-
» dement de l'aller trouver auſſitôt, pour s'aller
» jetter dans Thérouanne, que l'Empereur mena-
» çoit d'aſſiéger ; & là, y commander en Lieute-
» nant du Roi. Soudain après en avoir reçu la
» nouvelle, & lû la lettre de ſon Roi, il dit à ſes
» amis, qui étoient là, avec lui (car ordinaire-
» ment il étoit fort viſité, tant il étoit aimé.) *Mes*
» *Amis, voilà le comble de mes ſouhaits arrivé, car*
» *je ne ſouhaitois rien tant, que d'aller mourir en*
» *honorable lieu, & ne craignois rien tant que de mou-*
» *rir en ma maiſon & en mon lit ; & vous jure bien*
» *que madame la jauniſſe n'aura point cet honneur de*
» *me faire mourir ; car, réſolument, je veux mourir*
» *en guerre, & ne retournerai jamais, que je n'y meurs.*
» *Adieu donc, Meſſieurs, & Amis. Je m'en vais fort*
» *heureux & content, chercher ce que j'ai tant deſiré.*
» Et dès le lendemain, monte auſſitôt à cheval,
» & ſans ſe faire trop convier, ne s'amuſer à faire
» ſes grands préparatifs de chemin, comme il y
» en a qui en font avec plus de cérémonie que
» ne fait un malade qui ſe prépare par des bolus
» & juleps, pour prendre la grande médecine.

» Le voilà donc arrivé devant son Roi, qui lui
» en fit, de sa bouche, le second commandement,
» auquel il dit : *Sire , je m'y en vais donc, de bon*
» *& loyal cœur ; mais j'ai ouï dire , que la place*
» *est mal envitaillée , non pas seulement pourvue de*
» *palles , de tranchées , ni de hottes, pour remparer*
» *& remuer la terre ; à quoi M. de Villebon , Gou-*
» *verneur, n'y a pas grand honneur.* Comme ainsi,
» il se trouva. *Mais lors , quand entendrez que*
» *Thérouanne est prise , dites hardiment que d'Essé*
» *est guéri de sa jauniße & mort ;* & ainsi, comme
» il le dit, & ainsi le tint-il : car comme j'ai
» ouï raconter à M. de Grill, brave Capitaine,
» Sénéchal de Beaucaire, qui avoit alors, léans ,
» une compagnie de gens de pied, ainsi qu'on
» vint à l'assaut, voici un Officier Espagnol,
» grand Homme, de bonne grace, & belle force,
» avec son Enseigne-Colonel, qui, s'avançant
» par-dessus tout, monte avec une fort grande
» dextérité & légereté , à la breche. Monsieur
» d'Essé, qui étoit sur le haut du rempart, tenant
» une pique en poing , de contenance assurée ,
» s'affronte à cet alfier Espagnol, & lui écrie :
» *A moi, à moi, Capitaine-Enseigne. Je suis le*
»   *Général.*

» *Général.* Soudain, l'alfier se présente à lui, &
» lui dit: *Estò quiero yo por mi gloria;* c'est-à-dire,
» *c'est ce que je veux & recherche pour ma gloire,*
» comme voulant dire, qu'il seroit, à jamais
» honoré, que de se battre en un si bon lieu,
» contre le Général; & ainsi qu'il vint affronter,
» de main à main, Monsieur d'Essé, voici un
» arquebusier François, qui étoit près de son
» Général, qui tire à propos, son arquebusade, &
» donne dans la tête de l'alfier, & le porte par
» terre. Tel coup ne fut pas plutôt fait, que voilà
» un soldat Espagnol qui secondant bravement
» son Enseigne, tire à M. d'Essé, & le tue de
» même. Belle mort, certes, & très-glorieuse de
» deux Capitaines, & belle autant & glorieuse,
» la vengeance des deux soldats, dont je m'en
» rapporte aux mieux entendus, qui est plus
» digne de louange. J'entends qu'elle est égale
» parmi tous quatre. Voilà donc la mort & la
» sépulture de M. d'Essé, tant desirée par lui ».

Le même Auteur dit, à l'article de François de
Montmorency, Maréchal de France, qu'il eut le
commandement après la mort de M. d'Essé, &
qu'il tint encore dix ou douze jours.

Tome I.   F

Nous tirons donc, de cet exemple, une preuve certaine, qu'avec d'anciens remparts, des places très-mal pourvues, étoient capables d'une très-bonne défenfe, quoiqu'elles euffent un très-grand défaut. Les détails de ces différens fiéges nous ayant fait connoître que les murailles n'étoient nullement couvertes, puifque l'ennemi, dès les premiers jours de fon inveftiffement, en plaçant des batteries éloignées, battoient en breche. Nous voyons dans l'attaque de Thérouanne, que ces trois affauts donnés à la place, où d'Effé périt, l'avoient été, fans qu'il y eût encore d'approches de faites par l'affiégeant ; car ayant été repouffé, il n'ofa tenter un nouvel affaut, & préféra de pouffer la tranchée jufqu'au foffé, pour attacher le mineur à la muraille. Malgré un fi grand défavantage, la maniere dont les Auteurs s'expliquent, fur la jeuneffe & l'inexpérience de M. de Montmorency, prouve que la perte de cette place ne fut attribuée qu'à la perte de M. d'Effé, dont l'expérience lui eût fait employer les moyens en ufage pour rendre tous les efforts de l'ennemi inutiles, ainfi qu'il étoit arrivé l'année d'auparavant à Metz ; & il eft vifible que ces

moyens principaux étoient le déblay des breches,
& les retranchemens élevés derriere.

Il étoit d'autant plus néceffaire d'entrer dans
ces détails, & de donner ces divers exemples,
que faute d'avoir fait affez d'attention aux faits
les plus avérés de l'Hiftoire, on eft généralement
perfua dé, que les anciennes murailles étoient
incapables de réfifter à l'artillerie introduite dans
les fiéges, depuis l'invention de la poudre, & que
ce n'eft qu'à l'infuffifance de ces anciennes enceintes, que nous devons l'ufage de nos remparts
baftionnés.

Mais, avant de tirer de cette obfervation, les
inductions qui en doivent réfulter, il eft à propos
de m'arrêter un moment, fur la célébrité que
les mœurs du tems donnerent aux deux Héros,
dont nous venons de nous occuper, & nous
établir ons d'abord, d'où l'un & l'autre eurent à
partir, afin de mieux juger de la grandeur de leurs
fuccès.

Pierre Duterrail, devenu fi fameux fous le
nom de Chevalier Bayard, né d'une famille noble
& ancienne, mais pauvre, n'eut d'abord de reffource, pour fa fortune, que fon oncle, frere de

ſa mere, Évêque de Grenoble. Cet oncle l'ayant élevé juſqu'à l'âge de quinze ans, le plaça Page à Philippes de Baugé, depuis Duc de Savoie. Ce fut dans cette école que Bayard ſe perfectionna dans ſes exercices, & réuſſit, ſur-tout dans celui du cheval, à un tel degré, que ſa réputation s'étendit juſqu'à la Cour de Charles VIII, jeune Roi, dont le goût dominant alors, étoit uniquement pour tous les exercices ſemblables.

Dans ce même-tems, Charles VIII ayant réſolu ſon expédition d'Italie, ſe rendit à Lyon, où le Comte de Baugé vint avec une ſuite nombreuſe, dont Bayard faiſoit partie. Le Roi, ſur les éloges que lui en fit le Comte de Ligny, voulut le voir dans la carriere, & il fut ſi ſatisfait de ſon adreſſe, qu'il le prit au nombre de ſes Pages. Ce fut en cette qualité que Bayard le ſuivit en Italie, où ſa réputation de bravoure ne tarda pas de s'établir. Il s'attacha au Comte de Ligny, dont il fut d'abord Gentil - homme, enſuite homme d'armes de ſa compagnie, & bientôt après, il en fut Guidon.

Les commencemens du Seigneur d'Eſſé furent, à-peu-près, les mêmes que ceux de Bayard. Ce que nous allons en dire ſera extrait de Brantome,

qui en parle longuement dans son Discours soi-
xante-quatrieme.

« Parlons (dit-il), d'autres Capitaines. Feu M.
» d'Essé l'a été très-bon, sage, brave & vaillant.
» Il fut avancé par M. le Connétable de Bour-
» bon, à cause de sa valeur & vertu, & les Rois,
» ses Maîtres, le connurent, & s'en surent bien
» servir. Il fut, dans son tems, fort bon Gen-
» darme, & gentil Cheval-Leger. Le Roi Fran-
» çois disoit souvent : *Nous sommes quatre Gentil-*
» *hommes de Guiegne, qui combattons en lice, &*
» *courons la bague contre tous allans & venans de la*
» *France ; moi, Sansac, d'Essé & Chataigneraye.*
» M. d'Essé fut donné Page à feu M. le Séné-
» chal de Poitou [1], André de Vivonne, mon
» grand-pere, lorsqu'il alla avec le Roi Charles
» VIII, au Royaume de Naples, & le mena avec
» lui, qu'il n'avoit pas douze ans. Le voyant
» bien né, & qu'il promettoit beaucoup de lui,
» & ne le voulut laisser au logis ; tout jeune

---

[1] D'Essé étoit parent du Sénéchal de Poitou, dont la grand-mere étoit
Varèse, cousine germaine de la grand-mere de d'Essé, qui étoit en son
nom *la Personne*. Une partie de la Terre de Varèse étoit possédée dans ce
tems, par Louis de Montalembert, cousin de d'Essé.

» garçonnet qu'il étoit, il fit le voyage fort bien,
» fans aucune maladie.

» Après l'avoir nourri quelques années, il l'en-
» voya aux ordonnances, en fort bel équipage de
» guerre , plus qu'il n'avoit coutume de donner
» aux autres ; car il efpéroit beaucoup de lui, &
» auffi qu'encore qu'il fût bien Gentil-homme,
» & de bon lieu, il n'avoit de fon pere, tous les
» moyens qu'il eût bien falu , n'en ayant pour
» lui-même ; car il avoit force autres enfans ».

Ainfi dans ces tems, que nous regardons affez
communément comme fort inférieurs aux nôtres,
de jeunes Gentil-hommes fans fortune , cadets de
leurs maifons , fans tenir à la Cour, par des parens
en charges, fans intrigues, fans fe rendre impor-
tuns aux Miniftres des Rois, par leur feule vaillan-
ce, vertus & bonne conduite militaires , étoient
avancés, connus , fêtés de leurs Souverains ; &
ce qu'on aura peine à croire aujourd'hui, les
Courtifans n'en étoient point jaloux. Brantome
rapporte , à l'occafion de d'Effé, un fait qui nous
en fert de preuve. La premiere fois qu'il fit les
fonctions de fa Charge de Gentil-homme de la
Chambre (Charge qui lui avoit été donnée pour

ſa belle défenſe de Landrecy), une bleſſure mal
guerie, reçue au bras pendant ce ſiége, lui fit
donner maladroitement, la chemiſe au Roi,
(c'étoit ainſi qu'ils prenoient poſſeſſion de leur
Charge), ſur quoi les Courtiſans, au lieu d'en
faire le ſujet de leurs plaiſanteries, s'écrierent:
*Que d'Eſſé étoit plus propre à donner la camiſade
aux ennemis que la chemiſe au Roi* [1].

Qu'on ſe repréſente aujourd'hui ce que pro-
duiroient à deux jeunes cadets de Dauphiné &
de Poitou, les talens de bien faire toutes ſortes
d'exercices militaires, dans quelque perfection
qu'ils puſſent les poſſéder. Qui eſt-ce qui leur
tiendroit compte des ſoins qu'ils y auroient pris?
Quel eſt le Grand qui daigneroit les protéger par
cette ſeule raiſon? Quel eſt celui qui voudroit
publier leur mérite naiſſant? Et quel ſeroit celui
qui y feroit un inſtant attention? Qu'un nouveau
Bayard, dans un voyage du Roi, ſe trouve à
portée de ſon Maître, qui ſera-ce de ceux qui
l'environnent, qui lui propoſera de le voir monter
à cheval, & d'en faire un ſpectacle par toute la

---

[1] Brantome, Hommes Illuſtres, *Diſcours 64.*

Cour? S'il en étoit encore de même, de la maniere d'obtenir les graces, il en feroit de même de la maniere de les mériter.

La façon alors de faire fa cour à nos Rois, étoit de les bien fervir, foit dans leurs places de guerre, foit fur leurs frontieres & non de fe trouver en foule à leur lever, à leur fouper, & par tout où ils ont à porter leurs pas. Ce n'étoit point par des afliduités dans l'anti-chambre des Miniftres, qu'on fe rappelloit à leur fouvenir. Les bonnes renommées étoient gravées dans leur mémoire, & l'on étoit choifi, loin de la Cour, pour les commandemens les plus importans. C'eft ainfi que Montalembert d'Effé, dans fa Terre de Panvillier, au milieu de fes amis, reçut un courier de fon Maître, avec une lettre de fa propre main, pleine de témoignages de fon eftime & de fes bontés, qui l'invitoit à fe charger de la défenfe d'une de fes places les plus importantes. Qu'en arriva-t-il? d'Effé vola, vit le Roi, lui promit de mourir, plutôt que de rendre la place, & tint parole.

Cette courte digreffion n'eft point étrangere à mon fujet; il eft effentiel de rendre bien fenfible

la

la différence des tems, pour pouvoir attribuer les effets à leur véritable cauſe. On défend moins bien les places de nos jours, non - ſeulement parce que les moyens de les défendre n'ont pas augmenté dans la même proportion, que les moyens de les attaquer, mais parce qu'il n'en réſulte plus les mêmes avantages pour les défenſeurs. L'intérêt eſt, ſans doute, le mobile des actions des hommes. A meſure que les mœurs ſe font adoucies, & que les talens agréables ont prévalu dans la ſociété, ſur les talens militaires, il eût fallu que ces derniers euſſent été tellement diſtingués par les Souverains, qu'il y eût eu, malgré cette révolution, tout à gagner, en les cultivant; car ſi le génie & le nerf des Nations tiennent aux mœurs, les mœurs tiennent à l'adminiſtration des États. Les Rois qui ſauront chérir & récompenſer les vertus, déteſter & punir les vices, feront bientôt de leurs ſujets un peuple de Héros. Tant que les grands faits d'armes ont conduit aux grands honneurs, la gloire fut l'Idole de la Nation; mais les chemins, à la fortune s'étant ouverts de pluſieurs autres côtés; ces nouveaux chemins étant devenus plus ſûrs & plus courts,

il n'eft point étonnant qu'on s'y foit précipité [1] ;
je veux dire par-là, & l'on ne peut en difconvenir,
qu'il eft d'autant plus effentiel de rendre la défenfe
de nos places moins dépendante de la grande
vigueur de la garnifon. Le courage eft, fans doute,
le même ; mais l'ufage en eft moins familier ;
d'où il réfulte que les garnifons s'étonnent, & fe
fatiguent beaucoup plutôt. Il faut néceffairement
les mieux garantir, fi l'on veut en obtenir la même
conftance. Enfin un foin bien plus précieux encore
doit nous y exciter, la confervation des hommes.
Les moyens en font chers à l'humanité ; & s'il eft
vrai qu'on en a trouvé, on ne peut ni trop s'en
applaudir, ni trop fe hâter d'en faire ufage.

---

[1] Les Écrits moraux des Philofophes, les juftes critiques qu'ils
contiennent, les excellens remèdes qu'ils indiquent aux grands maux,
qui réfultent des grands défordres d'un État, deviennent d'autant plus
inutiles, que la Nation devient plus éclairée & plus corrompue. Alors
elle n'ignore point les vices auxquels elle fe livre, ni les abus qu'elle fe
permet. Les Écrivains ne lui répétent que ce qu'elle fait ; ils ne l'alarment,
ni ne la corrigent. Dire à un diffipateur qu'il fe ruine ; à un intempérant
qu'il pert fa fanté ; à une femme galante qu'elle fe deshonore ; à un
Miniftre ambitieux qu'il préfére ceux qui lui font utiles, à ceux qui
peuvent l'être à l'État ; ils le favent, & de leur répéter fans ceffe, ne les
changera pas ; mais que l'autorité les puniffe, qu'elle récompenfe &
éleve ceux qui ont d'autres principes ; que la faveur ne donne rien ; que
le mérite obtienne tout, la réforme deviendra générale.

CHAPITRE TROISIEME.

Des Remparts baflionnés.

L'EXAMEN que nous venons de faire du degré de réfiftance, dont les remparts des Anciens ont été capables, avant, ainfi qu'après l'invention de la poudre, & la connoiffance que nous avons donnée de celle de nos remparts modernes, depuis M. le Maréchal de Vauban, nous met en état de juger du mérite des changemens qui y ont été faits.

Ces remparts anciens étoient découverts de la campagne. C'étoit un avantage, avant l'invention de la poudre, bien loin d'être un défaut, puifque dans l'éloignement des armes de jet, ils n'en avoient rien à craindre, & qu'ils en dominoient d'autant mieux les terraffes, & les tours des affié-geans; mais depuis l'ufage du canon, le premier foin, & le plus preffant, vis-à-vis d'une pareille arme, qui peut, à de grandes diftances, renverfer tout ce qu'elle frappe, étoit, fans doute, de les cou-vrir; quelque forme qu'ils euffent, des remparts couverts, impoſſibles à battre que du bord du foſſé, en devenoient incomparablement meilleurs. Dans tous les ſiéges dont nous avons fait mention depuis l'invention du canon, les batteries en breche ont toujours été établies dès les premiers jours de l'inveſtiſſement, & les breches faites bien avant que les logemens fuſſent parvenus aux foſſés de la place. Les aſſauts même ſe donnoient avant que ces logemens fuſſent établis, & l'on ne ſe déterminoit à les entreprendre, que lorſque les aſſauts ne réuſſiſſoient pas, ainſi que nous l'avons vu à Thérouanne.

Les places d'alors ont donc eu, depuis cette époque, un défaut capital. Leurs murs étoient trop découverts; c'eſt à quoi de ſimples glacis, avec un rempart en terre, en avant de ces mêmes murs, euſſent parfaitement remédié; & dès cet inſtant, ces places fuſſent devenues capables d'une très-grande réſiſtance. Il faut le prouver par un exemple authentique.

SIÉGE DE STÉTIN.

Nous ſommes dans le cas de donner un plan exact de l'état où étoit la ville de Stétin ſur l'Oder, en Poméranie , lors du fiége que les Suédois foutinrent dans cette ville en 1677, contre les Brandebourgeois , avec le détail de toutes les tranchées de leurs attaques. Ce plan , repréfenté Planche 2, eft affez curieux, en ce qu'il fait con- noître l'art de l'attaque d'alors, dont les tranchées étoient dirigées d'une maniere toute différente. Il en eft de même de l'emplacement des batteries, qui n'étoit point le même. Ce fiége étant de vingt ans antérieur au fiége d'Ath, nous met en état de juger du mérite infini des changemens introduits dans l'attaque par M. de Vauban. Que l'on compare les tranchées, fuivant la méthode exprimée, Planche 1, *fig.* 8, avec celles de la Planche 2, on s'appercevra combien l'une a d'avantages fur l'autre. L'artillerie de l'affiégeant étoit confidérable à ce fiége ; mais elle n'étoit pas placée dans des directions, où elle pût prendre tous fes avantages fur celle des affiégés. Il s'y fit de part & d'autre, comme on le voit fur le plan, des travaux immenfes. La tranchée fut ouverte, le 6 Juin, & la garnifon ne capitula que le 14 Décembre , réduite alors à trois cent hommes, de trois mille dont elle avoit été compofée. Son Gouverneur,

Planche 2.

Vandernoot, y fut tué dans une fortie. Les Relations du tems affûrent que les Brandebourgeois y perdirent dix mille hommes.

Qu'eſt-ce que c'étoit donc que cette place qui a foutenu un fiége de plus de fix mois? Une ancienne muraille couverte par un très-mauvais rempart à fauffe braie, purement de terre, en faifoit la force. Les murailles ne pouvant être battues en breche, de la campagne, au moyen du rempart environnant, qui les couvroit, il fallut faire un logement fur la crête du parapet de ce rempart, & 'y établir du canon pour ouvrir la muraille d'enceinte. La garnifon n'ayant point à craindre d'être emportée de vive force, défendit vigoureufement ce premier rempart de terre; entre le mur & ce rempart, elle éleva des batteries contre celles que les affiégeans avoient établies fur le parapet; elle pratiqua plufieurs retranchemens les uns devant les autres. Qu'on examine fur le plan, tous les travaux des affiégeans, le long des parapets du rempart, & tous ceux des affiégés, on verra que ces derniers, fous la protection de leurs murs, ont oppofé à leur ennemi, obftacle fur obftacle. L'efpace qui s'eſt trouvé vis-à-vis des attaques , par la rentrée intérieure des murs à chaque porte , leur a permis toutes ces chicanes, qu'il feroit impoſſible de faire dans un baſtion, fût-il fermé par un retranchement à ſa gorge ; & s'il ne l'eſt pas , il ne peut fournir aucune reſſource. Ainſi il eſt évident que c'eſt cet ancien mur, derriere ce mauvais rempart à baſtion , qui a produit ſeul tous ces grands effets. Le plus irrégulier & le plus défectueux des remparts, ſoutenu par un mur ancien à tours , eſt devenu une fortification qu'on peut appeller du premier ordre , par la longueur de ſa réſiſtance , puiſque c'eſt la ſeule maniere de l'apprécier. Une place de guerre à baſtions bien réguliers , bien revêtue en maçonnerie , tant dans ſes eſcarpes que contreſcarpes , ne tient que quinze jours , trois ſemaines , un mois de tranchée ouverte. Pourquoi ne tient-elle pas davantage ? C'eſt que l'attaque eſt mieux dirigée , dira-t-on : oui , ſans doute ; mais ce n'eſt pas là la principale raiſon. Il n'y a plus de ſeconde défenſe à opérer pour la garniſon, après le paſſage du grand foſſé. En voilà la véritable cauſe. L'eſpace manque dans les baſtions. Que faire dans un pareil entonnoir ? C'eſt ſur quoi nous ferons dans le cas d'infifter plus d'une fois dans le cours de cet Ouvrage, parce que c'eft le vice mortel de toutes les places modernes; vice dont elles font attaquées dès le premier moment de leur exiftence; c'eft un vice enfin, de leur conftruction, dont le changement de forme peut être l'unique remède.

Nous avons donc déjà de quoi nous appercevoir que cette premiere conftruction ne remplit pas fon objet à beaucoup près; & ce qui fuit nous fera connoître que ce ne fera pas la feule fois que nous aurons ce reproche à faire à la méthode baftionnée.

Le défaut réel des anciens remparts étoit de n'être point fuffifamment flanqués; & ce défaut étoit d'autant plus grand, que les flancs alors euffent pû être plus utiles, puifque le ricochet n'éteignoit point leur défenfe, & que l'ennemi avoit à y être bien plus long-tems expofé. Nous avons déjà indiqué la raifon de cette néceffité. Il falloit qu'il fît le comblement du foffé avant de pouvoir commencer à battre en breche. Il falloit qu'il fe tînt long-tems au pied des murailles qu'il avoit à ouvrir. Des tours bellieres,
n'auroient

n'auroient jamais pû réfifter pendant un tems auffi confidérable à des flancs d'une certaine étendue; elles en auroient été écrafées. Notre forme de remparts baftionnés leur eût donc été avantageufe dans ce fens, & bien plus avantageufe qu'elle ne l'eft pour nous, cette forme, à notre égard, ne tenant point du tout ce qu'elle promet; car elle eft faite dans la vue de donner des flancs qui défendent le corps de la place, qui s'oppofent dans cette partie aux progrès de l'ennemi; & les flancs qu'on s'eft procuré ne défendent que des efpaces où l'ennemi n'eft, pour ainfi dire, qu'en paffant, je veux dire le foffé, qu'il ne fait que traverfer pour monter à l'affaut. Dans la méthode des fiéges actuels, les remparts font ouverts par les batteries en breche placées hors des atteintes des flancs. Si les foffés font fecs, l'ennemi les paffe en colonne, la nuit, comme il eft arrivé à Berg-op-Zoom, & prend d'affaut la place. Les flancs étant tout entiers lors de cet affaut, n'en ont pas différé la perte d'un inftant. Le paffage des foffés pleins d'eau, exigeant la conftruction d'un pont & d'un épaulement, devroit être très - difficile fous le feu du flanc; mais l'expérience nous apprend

Tome I. H

que ce paſſage eſt toujours perfectionné en même-
tems que la breche eſt praticable, à vingt-quatre
heures près, tout au plus; & la raiſon toute
naturelle eſt que ce feu d’un petit flanc fort élevé,
quand il ſeroit entier, ne ſeroit pas, à beaucoup
près, capable de s’oppoſer au comblement du
foſſé; à plus forte raiſon n’y peut-il rien, quand
il eſt éteint par mille feux qui le prennent de tous
les ſens. Le canon, & ſur-tout la multitude des
bombes qu’on dirige aujourd’hui avec tant de
préciſion, bouleverſent le petit eſpace d’un baſtion de fond en comble. A cette cauſe que nous
donnons du peu d’effet des flancs de nos places,
on doit, ſans doute, ajouter celle de leur peu d’é-
tendue; mais qu’importe d’en connoître la cauſe,
puiſque le fait eſt prouvé par une énumération
de nombre de ſiéges où l’on a vu que les flancs
n’ont rien opéré d’utile? N’en devons-nous pas
conclure qu’on ne peut s’oppoſer au paſſage du
foſſé qu’avec un feu beaucoup plus puiſſant, &
qu’il ſoit impoſſible d’éteindre? Ce ſentiment n’é-
tant point une hypothèſe établie gratuitement,
nous ſommes fondés à dire que dans la forme
qu’on a donnée aux remparts baſtionnés, l’objet

a été manqué, puifque les flancs qu'on a cherché à fe procurer font démontrés infuffifans.

Mais c'eft à quoi il ne paroît pas qu'on ait fait la moindre attention. Du haut du flanc on découvre tout le foffé, & la face du baftion oppofé : donc ce flanc, a-t-on dit, défend l'un & l'autre ; d'ailleurs on étoit habitué à voir de longues courtines, & en avant de ces courtines des parties faillantes, foit angulaires, foit arrondies. En formant des baftions, on n'a fait que donner plus d'efpace, plus de faillie aux tours, & il eft vifible que ce font ces mêmes tours qui ont donné l'idée des baftions au premier de tous les faifeurs de fyftêmes ; ainfi les modernes n'ont, pour ainfi dire, rien changé quant à la forme. Ils ont baiffé les murailles anciennes ; ils les ont terraffées dans la vue de pouvoir les border d'artillerie ; ils ont confervé les courtines qu'ils auroient dû fupprimer ; ils ont donné différentes inclinaifons aux faces & aux flancs, ainfi que nous l'avons déjà obfervé ; ils ont enfin ajouté des dehors ; c'eft-à-dire, des ouvrages en avant du grand foffé. Voilà toutes leurs productions, dans lefquelles on reconnoît toujours le premier trait

H 2

de la Fortification ancienne. C'eſt ainſi que l'habitude entraîne les hommes, & qu'on ne ſort point, ſans quelques hazards heureux, des routes déjà tracées.

La citadelle d'Anvers, bâtie en 1567, dans le tems que le Duc d'Albe gouvernoit les Pays-Bas Eſpagnols, paſſe pour la premiere Fortification réguliere [1] à baſtions, qui ait été exécutée. C'eſt un pentagône aſſez petit, de deux cent toiſes de diamètre, & de cent dix-huit toiſes environ, de côté, dont chaque courtine eſt couverte d'une demi-lune [2]. Depuis ce tems, on n'a vu que des baſtions s'élever de tous les côtés.

Si cette méthode des fronts baſtionnés eût été également applicable à tous les cas, malgré ces vices eſſentiels, dont on s'eſt peu occupé, il n'y auroit pas lieu de s'étonner que la ſeule habitude lui eût acquis la haute eſtime, où nous la voyons

---

[1] Nous diſons réguliere, parce que l'Italie prétend à la gloire d'avoir vu naître les premiers baſtions chez elle; d'abord à Otrante, ſur la fin du quinzieme ſiecle; mais il ne paroît pas qu'il ait exiſté nulle part d'enceintes baſtionnées régulieres, avant celles exécutées à la citadelle d'Anvers.

[2] M. le Comte de Clermont prit cette place, en 1746, après 6 jours de tranchée ouverte.

fe foutenir jufqu'à nos jours ; mais fans confidérer
encore, ni la dépenfe qu'elle occafionne, ni tout
ce qu'elle a de défectueux & de foible en elle-
même, il auroit dû fuffire, à ce qu'il femble,
pour exciter à de nouvelles recherches, de voir
qu'elle ne convient, ni aux grandes, ni aux
petites enceintes ; car enfin, il ne s'eft point
encore élevé de difpute là-deffus ; fes plus grands
partifans ont reconnu, de tout tems, que cette
méthode n'eft applicable aux grandes enceintes,
qu'avec des dépenfes énormes, & qu'au moyen
de très-fortes garnifons, & qu'en l'employant
dans les petits efpaces, elle devient d'une très-
mauvaife défenfe.

Un quarré à quatre baftions, le moindre des
polygônes qu'on puiffe former, & le plus foible,
qui eft un objet d'environ deux millions, s'il eft
dans de bonnes proportions, & qui exige, fuivant
les préceptes de M. le Maréchal de Vauban, une
garnifon de deux mille quatre cent hommes d'infanterie, & deux cent quarante hommes de cavalerie, ne peut être conftruit dans un efpace moindre
de deux cent cinquante, à deux cent foixante toifes
quarrées, avec fes chemins couverts & glacis.

Combien d'éminences avantageuſes à occuper n'ont pas cette étendue? Que fait-on alors? De mauvaiſes redoutes, ou des forts irréguliers, qui n'ont ni forme ni force; qui ſont enlevés, pour peu qu'ils ſoient acceſſibles; s'ils ne le ſont pas, ils deviennent inutiles, puiſqu'on ne peut en déboucher.

Combien de poſtes avancés dans des terreins plus étendus, importans à garder, ne peuvent l'être, à cauſe des fortes dépenſes, & du nombre des troupes, que demandent des forts à quatre baſtions, les moindres des forts réguliers? Il y a peu de ſituations de places qui n'exigeaſſent cinq & ſix forts environnans ſemblables. Il faudroit dix à douze millions pour les conſtruire, huit à dix mille hommes pour les garder, & autant pour le corps de la place. Comment un Souverain, quelque puiſſant qu'il fût, pourroit-il y ſuffire? On en ſent l'impoſſibilité, & il ne vient ſeulement pas dans l'idée de le propoſer.

De-là naît l'uſage de ſe borner à une enceinte baſtionnée pour le corps de la place, toujours très-foible & très-chere, lorſqu'elle eſt grande, & au-devant de laquelle on ne ceſſe de multiplier

par la fuite de nouveaux ouvrages extérieurs ,
pour tâcher de la rendre moins défectueufe.

Ces vérités qui ne peuvent être contredites par
aucune perfonne inftruite , doivent déterminer la
nature des recherches qu'il eft le plus important de
faire dans l'art de fortifier. J'ai donc eu principa-
lement en vue , d'après ces juftes confidérations ,
les très - grandes enceintes , ainfi que les petits
terreins ; & dans l'un & l'autre cas (en évitant les
défauts des baftions), de faire qu'avec une dépenfe
bien moins grande , un petit nombre confervât
l'avantage fur un beaucoup plus grand. Il m'a falu
à la vérité, recourir à des tracés tout différens
de ceux que le tems a confacrés , & la néceffité
feule a pû m'y déterminer ; car je ne me fuis point
diffimulé tous les obftacles que mes nouvelles
idées , s'il s'agiffoit d'en venir à leur exécution,
auroient à rencontrer, parce qu'elles ne font pas
celles de tout le monde.

J'ai donc à prouver d'abord cette néceffité , en
continuant de parcourir les principaux défauts
de la méthode des baftions.

Enfuite j'expliquerai mes méthodes particulieres.

Je finirai par donner des exemples de mes méthodes.

EXAMEN DES SYSTÊMES À BASTIONS.

Lorsque les premiers réformateurs de la Fortification se bornerent à changer en baftions les tours des anciennes enceintes des places, en augmentant leurs dimenfions, comme nous l'avons dit ci-deffus ; lorfqu'ils en terrafferent les murs, après les avoir confidérablement abaiffés, il eft vraifemblable qu'ils ne prévirent point les grands inconvéniens qui en réfulteroient. Ils ne connoiffoient point les effets terribles du ricochet ; ils ne favoient pas que l'ufage en deviendroit fi familier, que de ce moment, il ne feroit plus poffible de tenir derriere des parapets qui feroient battus, en face, de flanc, & de revers ; qui feroient écrafés d'une multitude de bombes[1] ; ils ne virent

---

[1] On fait que l'ufage des bombes eft poftérieur à celui des remparts baftionnés. Strada dit dans fon Hiftoire de la feconde guerre des Pays-Bas, que le Comte Mansfeld employa ce nouveau moyen de détruire les places au fiége de Vaktendonc, au pays de Gueldres, en 1588 ; mais il ne paroît pas que cette invention ait été fitôt adoptée par les autres Puiffances de l'Europe. M. Blondel, dans fon Traité de l'Art de jetter les bombes, dit que ce ne fut qu'au fiége de Lamothe, en 1634, que les bombes furent employées pour la premiere fois en France.

pas

pas enfin, que l’artillerie devenue ſi néceſſaire à
la défenſe des places, y étoit ſoumiſe à celle des
aſſiégeans, de maniere à être détruite en peu de
jours.

Ainſi la néceſſité d’abaiſſer les murs d’enceinte
pour qu’ils fuſſent moins battus par le canon de
l’ennemi, exigeoit d’abord l’examen le plus ré-
fléchi ſur la meilleure configuration qu’il convenoit de donner à ces nouveaux murs, & aux remparts qu’ils devoient protéger, pour qu’ils fuſſent
autant couverts qu’il ſeroit poſſible.

Mais ce n’étoit point encore aſſez, il falloit
que cette même configuration des murs d’enceinte fût ſuſceptible de parer à un autre très-
grand déſavantage que la défenſe moderne a ſur
l’ancienne ; j’entends parler du peu de moyens
que les aſſiégés de nos jours ont pour détruire
cette arme terrible (le canon), lorſqu’elle eſt
placée ſur la crête du glacis, & qu’elle met en
poudre, avec tant de facilité, les revêtemens les
plus épais. Les tours bellieres au pied des murs
pouvoient être détruites de pluſieurs manieres :
les exemples en ſont très-fréquens dans l’hiſtoire.
Il y avoit donc alors, dans cette grande extrémité,

nombre de reſſources, pour une garniſon vigou-
reuſe. Que peut - elle aujourd'hui contre une
batterie en breche? C'eſt un des endroits de la
tranchée où l'ennemi eſt le plus en ſûreté. Toutes
les batteries des remparts alors ont été détruites
par celles de l'aſſiégeant ; les flancs ſont labourés,
rien ne peut plus tenir derriere. Par où donc,
& avec quoi s'oppoſer au renverſement de ſes
murailles? La garniſon renfermée dans l'enceinte
de ſes hauts remparts, n'a plus aucun débouché
pour aller renverſer les travaux de l'ennemi. Le
grand foſſé qui l'en ſépare ne peut plus être franchi ; le logement de l'aſſiégeant qui l'embraſſe
dans une grande étendue, & qui n'étoit point
en uſage dans l'attaque ancienne, y forme un
obſtacle inſurmontable. Ce ſeroit donc, en dedans de ces mêmes remparts, qu'il faudroit
trouver de nouveaux moyens de défenſes: il y
faudroit ménager de nouveaux obſtacles, de bons
retranchemens intérieurs ; des ſeconds & troi-
ſiemes remparts à franchir ſeroient des reſſources
qu'il ſemble que l'art eût dû s'occuper de ménager
à ce petit nombre d'aſſaillis, contre ce grand nombre d'aſſaillans : mais il faudroit en même - tems

que la configuration de la premiere enceinte en
fût fufceptible ; il faudroit que ce retranchement, ou cette feconde enceinte fît partie des
fyflêmes de Fortification ; que la premiere enceinte ne fût formée de telle ou telle maniere,
qu'afin de fournir plus d'avantages à défendre la
feconde ; mais c'eft à quoi on n'a nullement fongé
dans toutes les places exécutées. Il n'y en a que
trois fortifiées, fuivant les nouveaux fyflêmes de
M. le Maréchal de Vauban, Béfort, Landaw, & le
Neuf-Brifac, dans lefquelles la premiere enceinte
ait été difpofée relativement à une feconde, faifant
partie du fyflême, & exécutée en même-tems.
M. le Baron de Cohorn lui-même, qui avoit fi
ingénieufement imaginé fa face baffe & fa face
haute du baftion, pour fe procurer une feconde
enceinte, ne les a point mis en pratique en forti-
fiant Berg-op-Zoom ; & dans le dernier fiége que
cette place a eu à foutenir, elle a été emportée
d'affaut, faute d'une feconde enceinte intérieure.
Un bon retranchement dans la gorge, une feconde
enceinte eût fauvé cette place.

D'où il fuit qu'on ne peut s'appliquer avec
trop de foin à donner à la principale enceinte des

places, la forme la plus favorable à remplir d'auſſi grands objets. L'attaque s'eſt perfectionnée à un tel point; elle a ſu prendre une telle ſupériorité ſur les moyens actuels de l'aſſiégé, que toutes les reſſources de l'art, pour lui en procurer de nouveaux, ne ſont point de trop aujourd'hui. Ne ceſſons donc point nos recherches ; & pour les faire plus utilement, analyſons d'abord le tracé de la méthode des baſtions ; attachons-nous à la conſidérer, non comme l'habitude de la voir nous la repréſente, mais comme elle eſt en effet. Tâchons de la réduire à ſes premiers élémens, & voyons s'il n'en étoit point de plus ſimples, qui euſſent dû leur être préférés.

COMPOSITION DE CHAQUE FRONT BASTIONNÉ.

Cɛs remparts, l'ouvrage des modernes, ſont tous compoſés, par chaque front, ainſi qu'on l'a vû, de deux faces placées en ſaillie, de deux flancs rentrans, & d'une courtine joignant les Pʟᴀɴᴄʜᴇ deux flancs, Planche 1, *fig.* 5. L'on a tracé ce 1. front ſur le côté d'un dodécagône de cent quatre-*Fig.* 5. vingt toiſes, pour s'aſſujettir au ſyſtême de M. le Maréchal de Vauban. On y a fait auſſi les flancs concaves & à orillons , étant ceux qu'on eftime le plus , parce qu'on les fuppofe mieux couverts.

Ce premier trait du fyftême des baftions offre plufieurs remarques générales très-importantes. On y voit :

1° Que les faces font entr'elles un angle, V, très-ouvert, de cent quarante-quatre degrés environ ; & qu'elles ne peuvent fe défendre mutuellement par leur grande obliquité. Cette obliquité n'ayant pas permis de les prolonger jufqu'à ce qu'elles fe rencontraffent , on a voulu recourir à d'autres moyens de les défendre, & l'on a formé les flancs, qu'on a déterminés, en prolongeant dans la direction des faces, & par de-là leur interfection, des lignes qu'on a appellées lignes de défenfes. Deux raifons ont engagé à les prolonger autant qu'elles le font dans cette conftruction, jufqu'en s & t. Par exemple ; la premiere & la principale eft, qu'étant moins prolongées , les flancs euffent été trop peu étendus ; & la feconde, que fi la courtine n'eût pas eu à-peu-près la longueur qu'on lui donne , le peu de talut des parapets n'eût pas permis, à cette élevation, de découvrir toutes les parties du rempart, dont tous les points doivent être vus, fuivant la regle rigoureufe qu'on s'eft faite, affez mal-à-propos dans cette occafion, par la très-grande largeur du foffé, vis-à-vis de la courtine, qui ne permet point d'en approcher. Il eft vraifemblable, cependant, que ce dernier motif a peu influé fur la détermination de ces lignes, attendu la quantité de moyens qu'on auroit eû d'y fuppléer.

2° On voit que dans cette conftruction, le très-grand efpace compris entre les flancs & la courtine, eft perdu totalement, & pour la capacité intériéure de la place, & pour fa défenfe. La tenaille qu'on place dans le prolongement des faces, dont le parapet ne s'éleve qu'à quelques pieds au-deffus de la furface de l'eau du foffé, n'eft qu'une dépenfe de plus, & fans aucune utilité, étant dominé par tous les ouvrages extérieurs. De ce très-grand efpace perdu, naît le peu d'étendue des baftions, & le refferrement de leur gorge, dont les remparts occupent prefque toute la capacité ; nous l'avons déjà obfervé ; c'eft-là le vice radical du fyftême des baftions ; dans l'exagône, dans le pentagône, & fur-tout dans le quarré, la

gorge du baftion eft prefque entiérement fermée
par le rempart. C'eft cette malheureufe conftruction refferrée qui s'oppofe aux moyens de défenfe
qu'on pourroit fe procurer, en dedans du grand
foffé, & fans lefquels l'époque de la breche faite
au rempart, fera toujours l'époque de la capitulation: les flancs qu'on s'eft ménagés, avec tant
de foin, dans ces fyftêmes, ne fauroient la retarder;
nous le démontrerons dans la fuite.

3° On voit que cette forme contournée des
remparts à baftions, a encore l'inconvénient de
ne pouvoir fe fuffire à elle-même. Les approches
vis-à-vis du rentrant de la courtine font très-mal
défendues, dans toute la partie x, par la grande
obliquité des faces, faifant entr'elles un angle de
plus de cent quarante-quatre degrés; & l'on a
été obligé d'adapter à ce fyftême, une piece
extérieure au grand foffé, devant la courtine,
appellée demi-lune, étrangere au rempart, telle
qu'on voit en L, Planche 1, *fig. 6*; mais c'eft une Planche
dépenfe confidérable, & un foible obftacle; car   1.
tout ouvrage, placé en avant du grand foffé,   *Fig. 6.*
ne peut être défendu, parce qu'il ne peut être
foutenu faute de communication.

4° On voit enfin, que moyennant cette piece indifpenfable en avant du grand foffé, ce n'eft plus la forme contournée des remparts à baftions qui s'oppofe aux approches de l'ennemi, c'eft une forme toute angulaire. Ce font les angles faillans des demi-lunes, & ceux des baftions, qui forment les obftacles à furmonter; c'eft être revenu à employer le moyen univerfel de toutes les défenfes. Un homme attaqué ne préfente pas fon corps pour parer les coups; il préfente fon bras, & la pointe de fon épée au bout; ainfi les demi-lunes étant les plus avancées, devroient être les plus fufceptibles d'oppofer les plus grands obftacles; mais étant mal défendues par les feux élevés des faces des baftions, & fe trouvant féparées par le grand foffé du corps de la place, très-large dans cette partie, elles n'en oppofent que de bien foibles. Ces longues courtines, & ces flancs retirés, déjà démontrés fi nuifibles à la défenfe du corps de la place, le font donc également à la défenfe des demi-lunes; c'eft donc la forme même de ces remparts qui eft nuifible. Une enceinte fimplement angulaire, dont tous les rentrans feroient à angles droits, telle qu'on pourroit la

former,

former, par la rencontre des faces des demi-lunes prolongées jufqu'au rayon intérieur du polygône, feroit d'abord plus fimple, & n'auroit aucun des inconvéniens de l'enceinte baftionnée. On peut voir le premier trait de cette enceinte, Planche 1, fig. 7. Le grand foffé étant placé en dehors, laiffe tout l'intérieur de l'ouvrage libre, fufceptible des retranchemens les plus forts; & quant à l'angle mort dans les rentrans, il difparoîtra dans le développement de ce fyftême ; mais ce n'eft pas encore le lieu d'entrer dans le détail de la fupériorité, à tous égards, de cette méthode, fur celle des baftions. On n'a eu pour objet ici, d'abord, que de préfenter cette derniere, fous fon véritable point-de-vue, & d'une maniere générale. Il nous refte donc à faire l'énumération de plufieurs autres défauts de cette même méthode non moins importans, & qui ne doivent qu'à l'habitude de les voir, le peu d'attention qu'on y fait.

Planche 1.
Fig. 7.

Ces défauts principaux qui nous reftent à détailler font :

1° D'avoir figuré le baftion de maniere qu'en battant ou les faces ou les flancs, on bat de revers ou d'enfilade, l'autre face ou l'autre flanc.

Tome I.   K

2° De ne pouvoir profiter, par cette conſtruction des flancs retirés , de toute la portée des armes à feu.

3° D'avoir, par cette même conſtruction, augmenté inutilement l'étendue des remparts , ainſi que la dépenſe , pour en diminuer la force.

4° De ne pouvoir former dans la gorge des baſtions , que des retranchemens ſimples peu étendus , ne tirant de défenſe que d'eux-mêmes.

5° D'avoir fait des flancs inutiles à la défenſe des baſtions , étant démontré que des remparts en ligne droite , ſeroient capables de la même réſiſtance.

Après l'examen de ces principaux défauts , on traitera des remèdes qu'on y peut apporter , pour nos places déjà conſtruites , ſous le titre de rétabliſſement des places du Royaume.

Premier défaut des ſyſtêmes à baſtions.

Les baſtions attaqués dans les ſiéges , & leurs collatéraux , ſont des foyers où tous les feux de l'aſſiégeant ſe réuniſſent , & leur forme leur donne ce déſavantage infini , que chaque batterie de l'aſſiégeant dirigée ou ſur leur face ou fur leur flanc, remplit deux ou trois objets à la fois.

L'on peut voir par la *fig.* 8, Planche 1, que tous les coups deftinés à battre de front le flanc $G R$, du baftion A, battent de revers, & la face X, & le flanc Y.

Planche 1.
Fig. 8.

Il en eft ainfi des batteries deftinées à battre de front la face X; elles battent de revers, & prennent à dos, tout ce qui peut fe trouver placé le long de la face $F G$, & fur le flanc $G R$.

De même, tous les coups deftinés à battre la face $F G$, enfilent la face X, & battent encore de revers le flanc Y.

Mais enfin, fi tous ces feux ne fuffifoient pas pour démonter entiérement l'artillerie des flancs, on pourroit les prendre encore en rouage, par une batterie placée fur la direction de leur pro-longement, telle que $P Q$. Alors, comment y tenir du canon? Et comment y conferver des canoniers pour le fervir, fur-tout lorfqu'un tel baftion devient encore le point de mire de plu-fieurs batteries de mortiers? En confidérant, avec attention, l'effet prodigieux que ces feux croifés doivent produire, on ne fauroit être étonné de la

K 2

facilité avec laquelle on détruit toute l'artillerie
d'une place ; & les flancs des baftions à orillons
étant fujets aux mêmes inconvéniens , il eft évident que cette forme de rempart n'eft nullement
propre à en défendre les approches.

Deuxieme défaut des fyftêmes à baftions.

Dans la conftruction de chaque front baftionné,
on ne peut profiter de toute l'étendue des armes à
feu. Il eft fenfible que dès que chaque face des
baftions *A* & *B*, Planche 1, *fig. 6*, doit être défendue par les flancs oppofés *F* & *E*, il fe fait un
croifement de feux à l'endroit de la perpendiculaire *C d*, en pure perte ; car fi l'on fuppofe les
deux flancs tranfportés, favoir ; le flanc *F* du côté
de la face *A*, & le flanc *E* du côté de la face *B*,
de maniere qu'étant dirigés perpendiculairement,
d'un côté fur le prolongement de chacune de ces
faces, ils viennent, de l'autre, aboutir à chaque
face du réduit *C* de la demi-lune ; ils deviendroient les flancs du réduit prolongé, tenant lieu
des flancs du corps de la place. Il eft clair que dans
cette fuppofition, le feu de ces flancs feroit rap-
proché de chaque angle flanqué, de la diftance *F f*,

Planche
1.
Fig. 6.

pour l'un, & *E e*, pour l'autre : diſtance dans cet exemple, de plus de ſoixante-cinq toiſes, près de moitié de la diſtance totale. Ainſi donc, par cette forme différente donnée au rempart, on auroit gagné ces deux eſpaces, pour la portée du fuſil ; & les angles flanqués auroient pû être reculés de cette même diſtance, comme ils l'ont été, ponctués, dans cette figure de *G* en *H*, & de *M* en *N* ; & dès ce moment, le côté *H N* du polygône eût pû être de trois cent ſix à trois cent dix toiſes, au lieu de cent quatre-vingt, ſans rien changer de la diſtance des flancs à l'angle flanqué, dont on prétend qu'ils ſoient défendus.

Cela poſé, il en eût réſulté de grands avantages. Premierement, moins de toiſes de remparts, proportionnellement à l'étendue des côtés des polygônes. Secondement, moins de côtés à ces mêmes polygônes ; ce qui eût été un très-grand objet d'économie, ainſi qu'on le verra bientôt ; & troiſiemement, des flancs mieux couverts, & n'étant expoſés qu'au ſeul feu de front.

Qu'on n'objecte point les angles morts *f* & *e*, parce qu'on l'a déjà dit, il y a pluſieurs moyens de les faire diſparoître.

Je dis qu'un front ainſi fortifié, feroit plus fort qu'un front à baſtions. Il eſt évident que les flancs, felon cette méthode, feroient moins expoſés. L'infpection feule de la figure montre qu'étant couvert par la demi-lune, qui pourroit n'être qu'un ſimple couvre-face en terre, ils ne feroient plus incommodés du ricochet ; le boulet ayant à franchir deux parapets, ne pourroit avoir autant de juſteſſe pour prendre en rouage les batteries placées le long du parapet *c f* & *c e*. Si l'on a jugé que l'orillon couvroit le flanc concave du baſtion, la demi-lune faillant ici trois fois plus, le couvrira encore mieux.

Mais ces flancs, dans cette derniere poſition, quoique mieux couverts, n'en feroient pas moins éteints, quoiqu'un peu plus tard, par la grande fupériorité de l'artillerie de l'aſſiégeant fur celle des remparts des aſſiégés, dans quelqu'endroit que cette derniere puiſſe être placée ; car ce fera toujours en vain, qu'on efpérera pouvoir, du haut d'un rempart expoſé à tous les feux de l'ennemi, s'oppoſer à fes travaux, dans fon comblement du foſſé ; jamais cela n'eſt arrivé, & nous le prouverons par pluſieurs exemples.

Troifieme défaut des fyftêmes à baftions.

Les flancs retirés, & leurs feux croifés ayant forcé de borner à cent quatre - vingt toifes les côtés des polygônes à fortifier, tandis que par la méthode que nous venons d'indiquer, ils pourroient en avoir plus de trois cent, il en eft réfulté que toutes les parties effentielles à la défenfe font trop petites dans ces fronts de cent quatre-vingt toifes. Celle qui n'y fert de rien, la courtine, eft la plus étendue ; fa dépenfe, par conféquent, eft inutile : elle pourroit être employée plus avantageufement à former de bons retranchemens, revêtus en dedans des angles flanqués.

Le rempart d'un front à orillon dont le côté a 180 toifes d'étendue, eft, favoir ; chaque face égale $\frac{2}{7}$, & vaut 52 toifes : les deux faces 104 toifes ; chaque flanc à orillon eft de 38 toifes : les deux 76 toifes ; la courtine 76 toifes. Le total de ce rempart eft donc de . . . 256 toifes courantes.

Le revêtement d'une tenaille fans flancs, placé devant les courtines, avec fa contrefcarpe, dans

____
256 toifes courantes.

de l'autre part . . 2 5 6 ^{toifes courantes.}

les proportions en ufage, donnant
par toifes courantes , 5 toifes $\frac{2}{7}$
cubes environ, fait que 2 toifes
courantes de tenailles, équivalent à plus d'une toife courante
de grand rempart ; fuppofons
qu'elles n'équivalent qu'à une
toife, les tenailles ayant 72 toifes
de longueur, vaudront 36 toifes
de rempart 36

Total *des toifes courantes d'un front*   292 ^{toifes courantes.}

Suivant la méthode propofée
ci-deffus, de joindre les flancs à
ceux des réduits des demi-lunes,
le toifé du grand rempart feroit,
favoir ; chaque face *G f*, *e M*, de
74 toifes ; les deux font 148 : chaque flanc 22 toifes, & les deux
44 ; le réduit de la demi - lune
fervant ici à fermer le rempart.

Total . . . . 192 ^{toifes.}

Il y auroit de toifes de rem-

part de moins . . . . 100 toifes.

Cependant ce n'eft pas encore tout ce qu'on pourroit gagner en diminution de dépenfe , & en augmentation de force. Ces côtés de cent quatre-vingt toifes font de beaucoup trop peu étendus. Toutes les défenfes y font refferrées & défectueufes. Nous allons, dans un autre exemple, donner à ce front une étendue plus grande , fans être encore toute celle qu'il peut avoir, en pro-longeant chaque face des baftions, comme on l'a déjà vu, Planche 1, *fig. 6* ; de maniere que leur _{PLANCHE} angle flanqué foit à la même diftance du flanc _{1.} joignant le réduit, qu'il étoit du flanc concave , *Fig. 6.* dans la conftruction ordinaire. L'on voit dans cette figure, que les angles flanqués des baftions *A* & *B*, ayant été portés au point *H* & *N*, ces angles font à la même diftance de leur flanc, qu'ils étoient du flanc concave, lorfqu'ils étoient au point *G* & *M*. Cependant, ces deux mêmes angles qui n'étoient qu'à cent quatre-vingt toifes de diftance, fe trouvent à trois cent fix toifes ; longueur d'un côté d'un eptagône, à peu de toifes près, dont le rayon feroit celui d'un dodécagône

Tome I.   L

de cent quatre-vingt toiſes de côté, tel qu'il eſt exprimé ſur la Planche 1.

De maniere qu'en ſuppoſant le point *H*, tranſporté au point *h*, *fig.* 5, ſur la circonférence du cercle du dodécagône, le point *N*, de la corde *H N*, ſur un autre point du même cercle en *n*, *fig.* 6, & tirant les deux rayons *h T* & *n T*, du centre du cercle *T*, on aura le côté d'un eptagône, lequel répété ſept fois, donnera l'enceinte de la place: d'où il ſuit, qu'au lieu de douze baſtions, cette place, de la même étendue, n'en auroit que ſept. Il faut conſidérer que par ce prolongement des faces des baſtions porté au point *H* & *N*, c'eſtà-dire, à ſoixante-ſix toiſes du point *G* & *M*, *fig.* 6, on n'augmente que de cent trente - deux toiſes courantes, les remparts de ce front, trouvés déjà de cent quatre-vingt-douze toiſes courantes, ce qui ne fait, avec cette augmentation, que trois cent vingt-quatre toiſes courantes de rempart pour ce front, dont le côté eſt de trois cent ſix toiſes. Or, multipliant cette étendue par ſept, on aura deux mille deux cent ſoixante - huit toiſes courantes pour la totalité des toiſes courantes des remparts de cet eptagône; tandis qu'en multipliant

par douze, les deux cent quatre - vingt - douze
toifes courantes que contient un feul front du
dodécagône, dans le fyftême en ufage, on trouve
trois mille cinq cent quatre toifes courantes ;
différence à l'avantage de l'eptagône, douze cent
trente-fix toifes courantes, qui, à raifon feulement de dix toifes cubes de mâçonnerie par toife
courante de rempart, fait douze mille trois cent
foixante toifes cubes de moins ; à quoi ajoutant
cinq demi-lunes de moins ; chaque demi-lune,
avec le revêtement à fa gorge eft de neuf cent
quarante-fix toifes cubes ; chaque réduit, avec
fa contrefcarpe, eft de trois cent foixante - fix
toifes cubes ; total de chaque demi-lune, douze
cent foixante-douze toifes ; ce qui fait pour les
cinq, fix mille trois cent cinquante toifes cubes
de moins, à ajouter aux douze mille trois cent
foixante ci-deffus, fait un total de dix-huit mille
fept cent dix toifes cubes de moins qu'il n'en
entre néceffairement dans le dodécagône de
même étendue & toutes chofes d'ailleurs égales ;
mais un autre avantage, non moins confidérable,
c'eft la diminution de la garnifon. Cinq baftions
de moins, à cinq cent hommes d'infanterie &

L 2

foixante hommes de cavalerie par baftion, fuivant les régles établies par M. le Maréchal de Vauban, font trois mille hommes d'infanterie & trois cent hommes de cavalerie de moins de garnifon, en fuivant cette méthode.

Quatrieme défaut des fyflêmes à baftions.

Les retranchemens qu'on peut conftruire dans la gorge des baftions, ainfi que nous l'avons déjà dit, n'ont point affez d'étendue pour y former des flancs capables de les défendre ; & ces retranchemens ne peuvent tirer de défenfe que d'eux-mêmes, puifque les flancs des baftions couvrent leur efpace intérieur des feux qui pourroient partir, quoique très-obliquement, des courtines collatérales ; mais ces retranchemens fimples, tels qu'on en trouve dans divers Traités de Fortification (car je n'ai pas connoiffance qu'on en ait exécuté d'aucune efpece, dans aucune place), feroient d'un foible fecours. Il les faut néceffairement couverts de quelque piece que l'ennemi ne puiffe fe difpenfer de prendre, avant de parvenir jufqu'au retranchement de la gorge, fans quoi la place courroit rifque, malgré le retranchement,

d'être emportée l'épée à la main, un foſſé auſſi
étroit étant facile à franchir, quand les approches
n'en ſont pas défendues par un feu conſidérable,
& l'eſpace manque abſolument dans les baſtions,
tels qu'on les conſtruit pour y pratiquer de ſemblables ouvrages, en avant du retranchement. La
plupart même de ces baſtions, ont leur intérieur
occupé par des cavaliers, des magaſins à poudre,
des glacieres & des moulins à vent. Ceux-là ne
fourniſſent aucune reſſource ; mais quand on dé-
truiroit ces obſtacles, cet autre défaut non moins
important, dont on vient de parler, ſubſiſteroit
toujours, de ne pouvoir défendre l'intérieur du
baſtion, d'aucune partie du rempart ; leurs flancs
s'y oppoſent, & ſervent d'épaulement au logement des aſſiégeans ; d'où ſuit l'impoſſibilité de
défendre par aucuns feux croiſés les approches
du retranchement fait à la gorge ; ainſi l'ennemi
logé ſur l'angle ſaillant, y eſt dans la plus grande
ſécurité. Il peut étendre, de droite & de gauche,
ſon logement (s'il ne veut pas emporter le retranchement de vive force) & le porter ſans obſtacle,
juſqu'à l'extrémité de chaque flanc joignant les
courtines. Parvenu juſques-là, alors il verroit

l'intérieur du retranchement, d'où il forceroit l'affiégé de s'éloigner ; & comme dans cet état le retranchement feroit emporté d'emblée, & la place prife d'affaut, le danger en eft trop connu pour qu'on s'y expofe. Tout ce qu'on pourroit efpérer de la défenfe la plus vigoureufe, s'il fe trouvoit un retranchement bien perfectionné à la gorge du baftion, ce feroit d'attendre à capituler, que l'ennemi foit logé fur le haut de la breche ; mais fi le retranchement du baftion n'eft commencé que depuis le fiége, comme cela arrive prefque toujours, quand on fait tant que de l'entreprendre, alors le grand feu de l'affiégeant en aura rendu le travail trop difficile pour être achevé, & la crainte d'un affaut qui livreroit la place à la difcrétion de l'ennemi, détermine à capituler, même avant que la breche foit praticable, & le paffage du foffé entiérement fini [1].

Cinquieme défaut des fyftêmes à baftions.

Les flancs des baftions n'ajoutent rien à la force

---

[1] Il y a peu d'exemples, qu'on ait entrepris pendant le fiége, des retranchemens dans les gorges des baftions. A Berg-op-Zoom, même, défendu par une armée, on ne l'a pas fait.

des places. C'eſt une vérité qui eût été reconnue depuis long-tems, ſi l'on eût fait plus d'attention à ce qui ſe paſſe dans tous les ſiéges. Le feu qui part de cette partie du rempart, labourée & preſque entiérement détruite, ne peut être qu'un feu de mouſqueterie, incapable de retarder les travaux de l'ennemi. Son logement du chemin couvert étant fait, le feu de ce logement, par ſa ſupériorité, rend tous les autres preſque nuls. La force des remparts des villes de guerre eſt donc en eux-mêmes; il faut les ouvrir avec du canon, & la difficulté ne conſiſte, que dans les travaux néceſſaires pour amener ce canon, & le placer en batterie ſur la crête du glacis; car alors le ſiége eſt fini: la forme contournée des remparts, telle qu'elle eſt par-tout, n'y ajoute rien. Lorſque la breche eſt faite la place eſt priſe. Les ſiéges ne ſe prolongent qu'en retardant l'établiſſement des batteries du chemin couvert par des opérations étrangeres à la configuration des remparts. Ils feroient en ligne droite, que ces opérations feroient les mêmes; & quant au paſſage du foſſé, l'expérience prouve que le feu dont les flancs font capables, n'eſt d'aucun effet. Si l'aſſiégé peut alors apporter quelque retard aux travaux, c'eſt en jettant du baſtion même quantité de bombes, de grenades & d'artifices ſur le pont du foſſé. Des remparts en ligne droite auroient la même reſſource ; mais ces reſſources, en y comprenant celles que peuvent procurer les flancs, ſont ſi fort inſuffiſantes, qu'il ne ſe paſſe jamais deux jours après la breche faite, ſans que la place ne ſoit emportée d'aſſaut, ſi elle n'a capitulé. Nous allons en citer trois exemples. On pourroit en citer mille.

SIÉGE D'ATH.

Au ſiége d'Ath, en 1697, conduit par M. de Vauban, la ville fut inveſtie le 15 Mai. Le 4 Juin la breche, à un des baſtions, ſe trouva praticable. On acheva dans vingt-quatre heures, le paſſage du foſſé, & le 5, à deux heures après midi, les diſpoſitions pour l'aſſaut étoient faites, & la ville capitula. La garniſon ſortit par la breche, compoſée de trois mille cinq cent hommes.

Le 31 Mai, le grand pont de communication de la place à la demi-lune & au chemin couvert, avoit été détruit. Les troupes deſtinées à la défenſe
de

de la demi-lune ne pouvant plus être foutenues,
furent obligées de céder dès le premier Juin.
Elles fe retirerent dans le réduit ; & le 3 Juin, les
foixante-dix hommes de ce pofte furent forcés d'y
capituler, n'ayant plus de vivres, ni de retraite.
S'il n'y eût pas eu de réduit dans cette demi-lune,
le pofte entier eût été ou noyé dans le foffé, ou
paffé au fil de l'épée.

Ce fait fert de preuve à ce que nous avons
avancé que les ouvrages en dehors du grand foffé,
ne peuvent être défendus, parce qu'ils ne peuvent être foutenus, & que ce n'eft point augmenter
la force des places que de multiplier ces fortes
d'ouvrages.

Par l'événement de ce fiége, on voit que trois
mille cinq cent hommes de garnifon exiftans lors
de la capitulation, n'ont pû retarder le paffage
du foffé, dans le cas même le plus favorable ; car
il s'y trouvoit le courant d'une riviere (la Tenre),
qui, eft l'obftacle le plus difficile à vaincre dans
ces fortes d'opérations. De quelle utilité font donc
les flancs pour la défenfe du foffé ?

Tome I.   M

SIÉGE DE TOURNAY.

EN 1745, la ville de Tournay fut inveſtie le 26 Avril. Le 14 de Mai, la batterie pour battre en breche la face du baſtion gauche de l'ouvrage à cornes commença à tirer. La nuit du 15 au 16, la breche n'étoit pas encore praticable ; mais le pont du foſſé fut pouſſé juſqu'à ſix toiſes de la breche. Il continua, diſent les Relations, à être maltraité par les bombes des aſſiégés. Il n'eſt point fait mention que le feu des flancs y eût eu aucune part. La nuit du 16 au 17, la breche de ce demi baſtion gauche, n'étoit pas encore praticable. Le 18 au matin l'ouvrage à cornes fut emporté par un aſſaut, & le logement enſuite y fut fait. Les logemens dans l'ouvrage à corne furent pouſſés, du 18 au 22, juſques ſur la contreſcarpe du grand foſſé du corps de la place, lequel s'étant trouvé découvert, avoit été battu par des batteries éloignées. Le Gouverneur capitula pour n'être pas pris d'aſſaut.

La citadelle a tenu 19 jours de tranchée ouverte. Nombre de fourneaux de mines qui ont joués de part & d'autre, ont retardé les travaux dès fappes. Le corps de la place a été battu en breche par des batteries placées à plus de cent vingt toifes de la crête du chemin couvert. Le foffé étoit fec, & dès que la place a été ouverte, quoique les flancs fuffent tous entiers, le Gouverneur n'a pas penfé qu'ils fuffent capables d'arrêter l'ennemi au paffage du foffé. De crainte d'être emporté d'affaut, il a capitulé.

Cette citadelle paffe pour une des plus fortes de l'Europe; cependant, dès que les remparts font ouverts, cette efpece de fortification n'offre plus aucune reffource, même à cinq mille hommes effectifs de bonnes troupes qui y étoient, & qui en font fortis après la capitulation.

La garnifon de la ville & de la citadelle de Tournay étoit, avant le fiége, de neuf mille hommes. Il en eft péri quatre mille pour défendre la ville vingt-deux jours, & la citadelle dix-neuf. Une place forte & une citadelle du premier rang, défendues par une petite armée, ne peuvent donc tenir que fix femaines; mais l'on voit que dans aucune des deux attaques, le paffage du foffé défendu par les flancs n'a pas duré plus de vingt-quatre heures, après la breche faite; d'où il

M 2

réfulte que les flancs, tels qu'ils font, font inutiles à la durée des fiéges.

SIÉGE DE BERG-OP-ZOOM.

Nous finirons ces exemples par celui du
fameux fiége de Berg-op-Zoom, en 1747. La
tranchée fut ouverte le 14 Juillet, les batteries
en breche n'ont commencé à tirer que le 9
Septembre au matin, au bout de 57 jours de
tranchée. Le 14 Septembre au foir, l'affaut étoit
commandé; mais les breches ne furent pas ju-
gées encore affez praticables. Elles furent per-
fectionnées le 15; & le 16, à la pointe du jour,
la place fut emportée d'affaut.

A ce récit abrégé nous ajouterons quelques
remarques.

Le feu de l'artillerie de la place a toujours
fubfifté jufqu'au dernier jour, dans toute fa force;
communiquant à une armée campée derriere elle
dans des lignes, elle pouvoit renouveller d'artillerie, de munitions, & d'hommes. Les flancs du
front de l'attaque étoient donc garnis, comme ils
ont pu l'être le premier jour. Le fiége dura foixante-quatre jours, dont cinquante-fept furent

employés à tous les travaux néceffaires pour
l'établiffement des batteries en breche. Il fallut
employer fept jours pour rendre les breches praticables, & dès qu'elles le furent, la ville fut
emportée d'affaut. A quoi donc les flancs du corps
de la place ont-ils fervi? Il eft évident que ce
n'eft pas à la défenfe du foffé qui étoit fec, & dans
lequel les différentes colonnes d'attaque ont mar-
ché chacune à leur deftination, fans être déran-
gées par le feu des flancs. Pourquoi? Parce que
leurs feux font de beaucoup inférieurs à ce qu'ils
devroient être pour former un obftacle réel au
paffage du foffé.

Après de tels exemples, n'eft-on pas en droit
de dire: « ou donnez-nous dans vos conftructions,
» des flancs capables de plus d'effet, ou bornez-
» vous à des remparts en ligne droite, qui auront
» au moins le mérite de l'économie, & qui s'op-
» poferont encore mieux aux progrès des travaux
» des tranchées, qu'ils batteront de plus près &
» plus directement ».

La Planche 3, *fig.* 1, fait voir un polygône à PLANCHE
rempart droit, que nous prétendons capable d'une   3.
réfiftance auffi longue que celle d'un rempart   *Fig.* 1.

contourné à flancs, puifque le paffage du foffé, fous le feu du flanc, tel qu'il eft dans les fronts baftionnés, n'en fouffre aucun retardement, ainfi que nous l'avons prouvé par plufieurs exemples. En effet, ne faudra-t-il pas également ouvrir ces remparts droits, prendre également le chemin couvert, la demi-lune, établir les batteries fur la crête des glacis, battre en breche jufqu'à ce qu'elle foit praticable? Alors, ou l'on montera à l'affaut, ou la place capitulera, comme il en arrive à toutes les places dont les remparts font à flancs, & comme il en eft arrivé à Berg-op-Zoom. Nous donnerons même dans la fuite une conftruction de remparts droits, qui feroient bien plus forts que les remparts baftionnés, quoique moins coûteux.

Il réfulte donc des exemples que nous venons de citer, qu'une place à fimple enceinte baftion-née, eft prife, dès que les batteries de l'affiégeant font établies fur la crête du glacis; car nous ne fommes plus dans le tems des affauts foutenus au corps de la place, & repouffés fi vigoureufement. Ces grands & forts retranchemens faits autrefois derriere les breches, font impraticables à exécuter aujourd'hui dans les gorges refferrées de nos baftions, & fous le feu prodigieux de canons & de bombes, dont ces petits efpaces font écrafés. La breche faite, on capitule. Heureux encore lorfque l'un ne précéde pas l'autre!

Tel eft le fort de nos meilleures places, & telle eft la confiance que nous devons y prendre. Un octogône, un dodécagône, des places de quatre, cinq & fix millions, n'ont qu'une feule enceinte. Elles ne fourniffent à la défenfe que de très-foibles moyens; & leurs garnifons qui doivent être de cinq à fix mille hommes, pour être de la force prefcrite pour ce nombre de baftions, fe couvriront de honte, fi, fe fiant à leurs remparts baftionnés, elles font la faute d'y attendre l'ennemi. Ce n'eft qu'en livrant de fré- quentes batailles en avant des glacis; ce n'eft qu'en y facrifiant les trois quarts de fes plus braves foldats, qu'un Gouverneur peut efpérer de re- culer le moment de fa perte.

Quel eft donc le mérite d'une Fortification qui n'offre aucune reffource aux troupes chargées de la défendre? qui les laiffe dans la néceffité d'aller, tout à découvert, attaquer jufques dans fes retranchemens, un ennemi vingt fois plus fort ?

Ce n'eft pas que le très-grand foible des fronts baftionnés n'ait été fenti. La preuve en exifte dans les ouvrages extérieurs, dont on a cherché, de tout tems, à les couvrir; mais ce remède qui occafionne une grande dépenfe, & exige une augmentation de garnifon proportionnée, n'eft point un remède. C'eft augmenter le mal, à bien des égards. Peu de réflexions fuffiront pour rendre cette vérité fenfible.

Tout ouvrage extérieur, parmi lefquels doivent être comprifes les demi-lunes, étant placé en avant du grand foffé, nous l'avons déjà dit, ne peut être défendu, parce qu'il ne peut être foutenu, & le fiége d'Ath nous en fournit une preuve. La protection des feux des remparts de la place eft bien plus un jufte fujet de terreur, qu'un appui pour les troupes chargées de la défenfe de ces fortes d'ouvrages. Il eft fort incertain, lors des attaques de vive force, s'il n'en périt pas plus par le feu de la garnifon qui les protége, que par celui de l'affaillant; mais de quelque maniere qu'il en foit, pour le peu de réfiftance que ces poftes

avancés

avancés veuillent y faire, la terre eft bientôt jonchée de morts, & la moitié de ce qui en refte, périt dans la retraite, en défilant fur un petit pont, s'il en exifte encore, ou en fe rendant prifonniers de guerre. Auffi voit-on dans la plupart des fiéges, ces ouvrages abandonnés avant l'attaque, faute de pouvoir y communiquer, pour les foutenir.

Les troupes chargées de la défenfe de ces fortes d'ouvrages extérieurs, ne peuvent donc combattre l'ennemi, qu'avec plus de défavantage encore, que la garnifon ne peut défendre l'intérieur des baftions attaqués, & l'on a vu que c'eft de la fituation de ces mêmes ouvrages, placés en avant du grand foffé, que naît l'obftacle.

L'objet de tous ces ouvrages extérieurs, fi nombreux, eft, fans doute, de doubler & tripler les enceintes des places de guerre ; cela eft clair. Chaque Ingénieur, dans fa direction, fent le très-grand foible des places à fimples remparts baftionnés, quelque magnifiquement qu'ils aient été bâtis, quelqu'argent qu'ils aient coûté, leur valeur intrinféque n'en eft point augmentée. On voudroit cependant que ces places fuffent meilleures, & l'on multiplie les ouvrages avancés,

Tome I. N

fans raifonner fuffifamment fon objet ; car il eft évident qu'on ne peut que s'affoiblir, en s'étendant en dehors du grand foffé ; il eft fenfible que ce ne peut être qu'en dedans de ce même grand foffé , que les forces étant plus concentrées, pourroient devenir infiniment plus grandes. Dès qu'il eft reconnu que plufieurs enceintes font indifpenfables pour la défenfe des places de guerre, placez-les donc, ces enceintes, de maniere qu'elles puiffent être facilement défendues ; de maniere qu'on y puiffe toujours communiquer facilement & fûrement ; placez-les enfin, en dedans du grand foffé , & non en dehors ; alors tout deviendra favorable à vos vues, tandis que tout y eft contraire dans les emplacemens que vous choififfez pour vos travaux.

Mais comment, dira-t-on , pratiquer deux ou trois enceintes en dedans du grand foffé d'un rempart baftionné ? Le terrein ne le permet pas. Il faudroit occuper les trois quarts de l'efpace intérieur de la place, ce qui auroit les plus grands inconvéniens.

Je conviens qu'on ne peut , fans de très-grands inconvéniens , prendre fur le terrein intérieur, des villes; mais je prétends qu'on peut, fans occuper un pied de plus, changer une fimple enceinte baftionnée en trois enceintes difpofées même de la maniere la plus avantageufe à leur défenfe. La Planche 4 , préfente trois fronts Planche baftionnés à flancs concaves, & à orillons, où   4. l'on peut voir comment, dans l'étendue même du rempart, on a formé les trois enceintes, & de quelle maniere chacune eft défendue.

On voit que ce font d'abord les courtines qui font prolongées jufqu'aux capitales des baftions, pour former le rempart intérieur, ou la derniere enceinte. Je place une petite piece cafematée, *a*, au milieu de chaque courtine, pour en défendre les angles flanqués [1]; je laiffe fubfifter les faces des baftions *B*, qui forment la premiere enceinte; j'en détruis les flancs, pour plufieurs objets importans. 1° Pour voir & défendre l'intérieur du rempart de chaque face des baftions. 2° Pour défendre également le foffé du retranchement pratiqué dans les baftions, formant la feconde enceinte. 3° Pour avoir à la place de la tenaille, les

---

[1] L'on connoîtra bientôt de quelle conféquence font ces fortes de pieces, lorfqu'elles font d'une certaine étendue.

N 2

pieces *d*, qu'on peut appeller aîlerons, difpofées
de maniere qu'elles rempliffent, non-feulement
les objets ci-deffus, mais encore ceux de couvrir
exactement le corps de la place, & d'établir des
communications fûres, entre toutes les différentes
pieces de ces enceintes. Laiffant fubfifter la demi-
lune, je fais un réduit *e*, auquel je réunis les flancs
des baftions pour former la piece *f*; & ces flancs,
mieux couverts par la demi-lune qu'ils ne l'é-
toient par l'orillon, auront leurs feux bien plus
rapprochés des angles flanqués, & par conféquent
plus meurtriers. Ils étoient à cent quarante toifes
de cet angle, dans leur ancienne pofition; ils n'en
font plus, dans la nouvelle, qu'à foixante-dix-
huit; & lorfqu'une balle tombe fans force aux
pieds d'un gabion à la premiere diftance, elle le
traverfe à la feconde. On a placé fur chaque face
de la demi-lune, une traverfe de maçonnerie
cafematée, d'une nouvelle conftruction, dont on
donnera le détail plus en grand fur une autre
Planche: ces efpeces de traverfes feront un grand
obftacle à oppofer à l'ennemi; & quoiqu'on ne
les ait pas placées ailleurs, dans ce deffin, on
fentira qu'elles peuvent l'être également fur tous

les remparts, où l'on voudra, & dans tel nombre qu'on voudra, fur-tout aux remparts des faces des baftions, à celles de leur retranchement, & fur les courtines devenues derniere enceinte de la place.

L'on a laiffé ponctuées les parties fupprimées des fronts, n° 1 & n° 2 ; & l'on a, au contraire, au front, n° 3, exprimé ponctués les changemens propofés ; & laiffé, en fon entier, le rempart dans fa forme ordinaire, afin de rendre plus facile la comparaifon de l'une & de l'autre maniere.

Les avantages de cette compofition font fi évidents, qu'on ne penfe pas qu'il foit néceffaire de les détailler pour les faire fentir. Si l'on veut pratiquer quelques fouterreins fous le rempart des aîlerons *d*, du côté des retranchemens des baftions, ils en défendront mieux les foffés, & en feront difparoître les angles morts, qui font ici cependant de bien peu de conféquence, puifqu'ils ne donnent à l'ennemi que le foible avantage de favorifer l'attache de fon mineur ; & fi l'on fuppofe qu'il n'aura pas de moyen plus prompt à employer pour fe rendre maître de ces pieces, il faudra convenir que ces mêmes pieces font un obftacle bien puiffant à lui oppofer ; & c'eft ce qu'elles font en effet ; car l'ennemi, maître de la piece *B*, y ayant établi fon logement, il fera obligé d'écrafer d'artillerie également les pieces *d* & *c* ; il faudra qu'il éteigne entiérement le feu des aîlerons *d*, pour pouvoir attaquer la piece *c*, s'y loger, & y établir fes batteries en breche, pour le corps de la place. L'efpace n'eft pas bien commode fur le rempart *B*, pour les doubles batteries qu'il faut de chaque côté, favoir ; deux pour battre les deux aîlerons, & deux pour battre la piece *c*. Nos fimples baftions offrent-ils une feule de ces reffources ? Et nos ouvrages extérieurs prodigués fi inutilement & fi cherement en dehors du grand foffé, peuvent-ils être défendus avec auffi peu de monde, & auffi vigoureufement ? Cela n'eft pas poffible. Nos enceintes baftionnées, arrangées de cette maniere ; c'eft-à-dire, devenues uniquement angulaires, feroient donc d'une beaucoup meilleure défenfe : c'eft une vérité qui ne fauroit être contredite.

Mais tous ces feux, quelques multipliés qu'ils foient dans cette nouvelle forme, ne font encore que des feux de remparts, expofés toujours à ce

ricochet fi bien dirigé aujourd’hui, à cette multitude de bombes, ajuftées avec une telle précifion,
que rien ne peut fubfifter de ce qui peut en être
atteint. Contre d’auffi puiffans moyens, il faut
d’autres reffources. Ce n’eft qu’en rendant leurs
effets nuls ; en fe procurant dans la défenfe les
mêmes avantages, dont eft en poffeffion l’attaque
qu’on pourra lui réfifter. Nous ofons avancer que
nos places déjà conftruites en font fufceptibles,
& qu’elles en deviendront plus durables, en
même-tems qu’elles acquerront un beaucoup
plus grand degré de force. Cet objet eft, fans
doute, de la plus grande importance ; & nous
efpérons qu’on le jugera rempli, fi l’on veut bien
apporter quelqu’attention, aux détails dans lefquels nous allons entrer dans le Chapitre fuivant.

CHAPITRE QUATRIEME.

Du Rétablissement des Places du Royaume.

Toutes les places fortes du Royaume ayant été bâties presque à la fois, se détruiront à-peu-près de même, & le moment n'en est pas assez éloigné pour ne devoir pas être prévenu.

M. le Maréchal de Vauban, pendant les trente années qu'il a exercé la charge de Commissaire-général des Fortifications, en a été l'Architecte ; mais ses constructions se sont senties, & du point d'imperfection où l'art étoit alors, & de la magnificence du Monarque qu'il avoit l'avantage de servir. De-là, ce nombre de places très-foibles, qui bornent nos frontieres, & cette quantité presqu'innombrable de toises cubes de maçonnerie qui les entourent. Les finances du Roi, dans quelqu'état florissant qu'elles puissent devenir, ne sauroient jamais suffire au rétablissement de tous ces remparts revêtus, dont partie tombe déjà en ruines.

Mais

Mais ces remparts revêtus font de deux efpeces, qu'il importe beaucoup de diftinguer: l'une de ceux conftruits réguliérement; l'autre de remparts irréguliers, ayant de mauvaifes directions, tels qu'on n'en rencontre que trop dans l'enceinte des trois quarts de nos places, & que tout le monde s'accorde à regarder comme des ouvrages très-défectueux, & de très-mauvaife défenfe. L'une & l'autre efpece ont également le défaut d'avoir des revêtemens *terraffés*, c'eft-à-dire, ayant à foutenir, à trente & trente-fix pieds de hauteur, un parapet, & terre-plein, de huit à dix toifes de largeur en terre, qui exerce une pouffée continuelle & très-confidérable. Cette pouffée, dans une telle élévation, tend à les détruire, & en abrége beaucoup la durée.

Les remparts de la premiere efpece doivent, fans doute, être confervés & réparés, de maniere à les rendre plus durables , & d'une défenfe beaucoup plus avantageufe. On en démontrera bientôt la poffibilité.

Quant à ceux de la feconde efpece, ils doivent être abandonnés au tems, pour épargner les frais de leur démolition; car enfin, en continuant à

Tome I.   O

réédifier chaque partie de ces revêtemens, ce feroit s'impofer la néceffité de reconftruire en entier, de très-mauvais remparts; d'y dépenfer les mêmes fommes qu'ils ont déjà coûtés, pour n'avoir que de très-mauvais corps de place; pour faire aujourd'hui ce qu'on n'eût pas fait dans le tems de leur conftruction, fi l'on avoit pu prévoir que l'attaque deviendroit fi formidable. De plus, il ne faut pas fe diffimuler que ces mauvais remparts revêtus, font un objet immenfe. Il viendra un tems, qui ne peut être éloigné, où les fonds deftinés au Génie, quelques confidérables qu'ils puiffent être, ne fuffiront pas à la dixieme partie des réparations; malgré les efforts continuels qu'on fera, on ne pourra y fuffire, & les places refteront ouvertes.

Il faut donc néceffairement fe faire, pour l'avenir, un plan général de confervation & de rétabliffement des places les meilleures & les plus utiles, afin d'y porter toutes fes dépenfes, & n'y entreprendre que des travaux d'une bonté reconnue; il faut fur-tout éviter d'entaffer ouvrage fur ouvrage; ce feroit multiplier les revêtemens de maçonnerie qui ne l'ont déjà que trop été, & obliger à des garnifons plus fortes, autre inconvénient majeur, qui n'a jamais été fuffifamment confidéré dans les travaux qui ont été entrepris de toutes parts.

M. le Maréchal de Vauban ayant porté l'attaque des places au point de perfection où elle eft aujourd'hui, a fenti toute la foibleffe de celles qu'il avoit conftruites lui-même, & a indiqué les moyens d'y rémédier. On peut voir dans fon Traité de la défenfe des Places, qu'il recommande de bons retranchemens revêtus dans la gorge des baftions, & des camps retranchés fous toutes les villes de quelque importance, qui en font fufceptibles. Le premier de ces préceptes eft d'autant meilleur, que l'exécution peut en être peu coûteufe ; que par ce moyen, on forme tout d'un coup une feconde enceinte, en faifant du baftion un ouvrage extérieur ; que cette opération n'exige aucune augmentation dans la force de la garnifon, & qu'elle peut fournir les plus grandes reffources pour la défenfe.

Le fecond précepte feroit auffi de la plus grande utilité, 1° Des camps retranchés éloigneroient l'ennemi des places, & augmenteroient leur circonvallation. 2° Ils ferviroient à former des dépôts de fourages, de munitions, d'artille-rie, de chariots, de caiffons, de vivres, &c. fi néceffaires dans le voifinage des armées, qu'on ne fait où placer dans les places de guerre, & qui nuifent à la fûreté de ces places. Mais comment les exécuter, fans de grandes dépenfes? Et comment les difpofer de maniere à être défendues par un petit corps? On ignore fi ce grand Homme avoit quelque moyen de remplir à la fois, ces deux grands objets. Il ne les indique nulle part; mais on fe flatte de pouvoir y fuppléer de maniere à procurer les plus grands avantages.

Quant aux retranchemens des baftions, il pa-roît qu'il a eu en vue de les mettre à exécution lui-même, non pas dans quelques-unes de fes places déjà conftruites, ce qu'il eft bien étonnant qu'il n'ait pas fait; mais en compofant fes nou-veaux fyftêmes de Landaw & du Neuf-Brifac, fes contre-gardes n'étant que des baftions détachés, & leurs tours baftionnées jointes aux courtines, de véritables retranchemens faits à la gorge de chaque baftion, ce qui forme une double enceinte; mais cette maniere, qui n'eft applicable à aucune

autre place, eft d'une dépenfe confidérable, &
les Ingénieurs s'accordent à ne pas trouver que
fon utilité y foit proportionnée [1]. Nous avons dit
un mot ci-deffus d'un des inconvéniens qu'ils y
trouvent.

On a même ofé, du tems de M. le Maréchal
d'Asfeld, y faire à Landaw, des changemens.
L'exemple donné autorife à le fuivre.

Mais avant de traiter des retranchemens dans
la gorge des baftions, il convient de s'arrêter fur
les très-grands inconvéniens des revêtemens de
leurs remparts, tels qu'ils font difpofés, & fur les
moyens d'y remédier, ces moyens faifant partie
de ceux à employer pour y former de bons retranchemens.

La maniere dont les remparts revêtus font
conftruits, nuit en même-tems, & à leur folidité,
& à leur force. Pourquoi des murs de cette

---

[1] La méthode de détacher le baftion du corps de la place, exécutée au
Neuf-Brifac, au moyen des tours baftionnées, occafionne une augmentation de mille fept cent cinquante-une toifes cubes de maçonnerie
à-peu-près. Si c'étoit au prix de Paris, à cent vingt livres la toife cube,
compris les fouilles & remblais de terres, cela feroit par baftion, deux cent
dix mille cent vingt livres; & pour les huit baftions, une augmentation
d'un million fix cent quatre-vingt mille neuf cent foixante livres.

grande élévation? Et pourquoi ont-ils les terres du rempart à soutenir ? Il est facile de démontrer que l'un est nuisible à leur durée, & que l'autre est un des plus grands obstacles à leur défense.

En effet, des murs terrassés ne peuvent durer autant que des murs isolés, & des murs isolés laissent une communication précieuse à l'assiégé, pour pouvoir se porter sur le flanc de l'ennemi, & le combattre au pied de la breche, avec l'avantage d'arriver jusqu'à lui, couvert de tous les feux, & à tous les instans avec des forces supérieures à celles qu'il est en état de porter dans cet endroit, où l'espace ne permet pas qu'il soit en force, tandis que les revêtemens, soutenants les terres des remparts, ferment à l'assiégé tous les passages ; il ne peut plus arriver à l'ennemi que tout à découvert, par le haut de la breche, attaquant de front deux colonnes profondes qui tiennent à l'armée du siége, par les deux ponts faits d'un côté & d'autre de l'angle flanqué du bastion : deux colonnes soutenues, à bout touchant, par tout le logement du chemin couvert, toujours prêt à fournir un feu roulant des plus meurtriers. Quelle apparence de réussir avec de tels défavantages ! Il y auroit de la folie à l'entreprendre [1] ; les chofes à ce point, il ne refte plus qu'à capituler.

Mais que ces murs de revêtement foient détachés des terres des remparts par un intervalle de deux à trois toifes, alors la fcène change ; tout devient avantageux, & a la durée de ces mêmes murs, & a la vigueur de la défenfe. Comment l'ennemi, dans une telle difpofition d'ouvrages, mettra-t-il fes flancs en fûreté ? Et comment entreprendra-t-il de conduire du canon au haut d'une breche, tant qu'il reftera expofé à une attaque auffi dangereufe fur fes flancs ? L'on doit fentir, par cette feule obfervation, tout l'avantage que ce changement procureroit pour la défenfe des ouvrages ; mais cet avantage s'étendroit également fur la durée des revêtemens, qui feroient confidérablement baiffés dans cette nouvelle difpofition, & n'auroient plus la pouffée des terres du rempart à foutenir. Ces revêtemens, dès lors,

---

[1] Il faut fe rappeller ce que nous avons dit plus haut. Ce logement qui environne fur la crête du glacis tout un front, & qui protége fi puiffamment les attaques au corps de la place, eft un ufage moderne, qui rend l'affiégeant imperturbablement maître des dehors.

pourroient être, à peu de frais, renforcés par des arcs de voûte, joignants les contre-forts de deux en deux, pour former des batteries couvertes, à l'épreuve de la bombe, tout le long des revêtemens des baftions & de leurs retranchemens, ainfi que des courtines, lefquelles formeroient des galeries de communication tout autour de la place, qui augmenteroient infiniment les reffources de la garnifon, & multiplieroient fes moyens de défenfe.

Mais c'eft ici que les plans deviennent néceffaires pour éviter des defcriptions toujours longues, & rarement intelligibles. Qu'on prenne la peine de fuivre ces plans, profils & élévations [1], on fentira toutes les difficultés qu'une pareille difpofition offre à l'ennemi. Dans le front de deux baftions & une courtine qu'on offre ici, on voit, en les comparant au baftion ordinaire repréfenté, Planche 3, *fig.* 4, comment les terres du rempart font détachées du revêtement, *fig.* 1 & 2, Planche 5, & *fig.* 1, Planche 6; & comment ce revêtement, dont les contre-forts font unis par des arcs de voûte, forme une galerie cafematée environnant la place (même *fig.* & même Planche).

L'ancienne

[1] *Voyez* PLANCHE 5. *Fig.* 1 & 2. & PLANCHE 6. *Profils* A B, E F, C D, G H.

L'ancienne maçonnerie conservée est ponctuée,
ou hachée d'un sens, & la nouvelle de l'autre,
pour les distinguer. Comment fera-t-il breche
dans un semblable massif de maçonnerie? Comment pourra-t-il se garantir de tous les feux
couverts dont ses batteries & son passage de
fossé seront le foyer? Comment fera-t-il pour les
éteindre? Et s'il ne les éteint pas, comment
cheminer vers une breche dont le déblai des
matériaux se fera à mesure, & dont l'assiégé peut
toujours, par ses galeries couvertes, défendre le
pied, & égorger tous ceux qui tenteront de s'y
établir? Comment ébranler les terres d'un rempart qui se soutiennent d'elles-mêmes? Quelle
quantité innombrable de coups de canon ne faudra-t-il pas tirer pour les étendre de maniere à
pouvoir être rendues accessibles? Mais quand cela
seroit enfin devenu possible, la gorge du bastion
garantie par un retranchement bien revêtu, tel
qu'il est représenté au plan [1], obligeroit l'ennemi
à se loger sur le haut de cette breche; & comment
y soutenir un logement exposé au feu le plus vif,
partant du retranchement & des traverses du rempart, & à des attaques continuelles, par l'assiégé

[1] *Fig.* 1 & 2. Planche 5.

Tome I.   P

débouchant de fes galeries cafematées, & des traverfes baffes qui les flanquent? Y a-t-il quelqu'un qui puiffe dire qu'il fera poffible à l'affiégeant, dans de pareilles circonftances, de conduire du canon au haut de la breche, pour détruire le retranchement? L'impoffibilité en eft vifible. Il ne lui eft plus praticable d'étendre de droite & de gauche fon logement le long des flancs du baftion, pour arriver ainfi jufqu'au retranchement, & le prendre de revers, comme cela fe pratique fans nulle difficulté, le long d'un rempart revêtu. Ici le logement feroit attaqué & battu en face, par derriere & par fes côtés. Il feroit impoffible à l'affiégeant de s'y maintenir. Que fera-t-il donc? Il faudra qu'il attaque la galerie cafematée, & qu'il la détruife arcade par arcade, ainfi que les traverfes cafematées qui balaient le foffé fec. Quelle perte d'hommes, & quel tems ne faudrat-il pas pour une femblable opération! Cependant cette maniere de difpofer les revêtemens des baftions feroit beaucoup moins coûteufe, & il eft fenfible qu'ils dureroient beaucoup plus. Rien n'eft pus folide que des murs ainfi difpofés: tout eft donc pour cette méthode, tandis que tout femble contre l'autre; & nos places à baftions fi foibles & fi peu durables, par la raifon feule qu'elles font à baftions, & que les revêtemens en font terraffés, deviendront, par ce changement, infiniment plus fortes, & d'un entretien beaucoup moins coûteux.

On connoîtra, au refte, par le plan, de quelle maniere on a formé le retranchement de la gorge du baftion, ne s'agiffant, dans ce premier exemple, que de la fermer par un rempart revêtu qui ne puiffe être détruit que par du canon amené fur la breche. On y verra également les traverfes cafematées du terre-plein du rempart, avec le mur crénelé, & le corps-de-garde formant un premier retranchement dans le baftion même dont on voit l'élévation au profil *A B*, *fig.* 1, & la poterne *C D*, fig. 2, communiquant au corps de la place, Planche 6. Il faut confidérer auffi fur ce même profil, *A B*, *fig.* 1, ainfi que fur la Planche 5, la batterie en breche *A*, placée fur la crête des glacis, & remarquer la quantité de feux de canon & de moufqueterie auxquels elle eft expofée. L'on jugera, s'il eft poffible, que cinq pieces de canon dont cette batterie eft compofée, puiffe y réfifter.

PLANCHE 6.
Fig. 1
&
Fig. 2.

P 2

Il eſt clair qu'elle feroit rafée peu d'heures après être établie, en ſuppofant qu'elle pût jamais l'être.

Ce n'eſt donc qu'en admettant une ſuppofition qui ne paroît aucunement admiſſible, que nous avons, ci-deſſus, établi une breche faite au grand mur cafematé, puiſqu'il eſt évident qu'il ne peut ſubſiſter, ni même s'établir de batterie en breche ſous une pareille multitude de feux. Elle feroit rafée à meſure qu'elle s'éleveroit de terre.

Mais enfin, ſi l'on vouloit nous conteſter cette impoſſibilité, & qu'à la faveur de cet axiôme général, *qu'en plus ou moins de tems l'aſſiégeant a toujours des moyens de ſe rendre ſupérieur à l'aſſiégé;* on prétendit qu'il pourroit établir ſa batterie, faire breche, & même ſurmonter tous les obſtacles qui s'oppoſent ici à l'établiſſement de ſes autres batteries ſur le haut de l'angle du baſtion, nous aurions encore de quoi diſſiper ces craintes; & dans ce cas, nous ne nous bornerions plus au retranchement ſimple de la gorge du baſtion, tel qu'on le voit, Planche 5, *fig.* 1 & 2; nous en formerions un d'une telle eſpece, qu'il pourroit ſeul oppoſer une réſiſtance plus grande que la place même. Une de nos tours rondes, que nous avons nommée angulaire, à caufe de la forme de leur bâfe, feroit placée à la gorge du baftion, tel qu'on la voit, Planche 3, *fig.* 2, en fondation, & *fig.* 3, à vue d'oifeau ; & plus en grand, Planche 9, pour le plan, & Planche 6 , *fig.* 3 & 4 des profils ; alors ce feroit un fiége à recommencer, qui rencontreroit les plus grandes difficultés. Les tours de cette efpece font bien au-deffus des tours baftionnées par leurs défenfes, & d'une bien plus grande reffource pour la garnifon, en même-tems qu'elles font moins coûteufes. On en jugera par la connoiffance détaillée que nous en allons donner.

Des Tours angulaires.

Ces fortes de tours, d'une conftruction tout à fait nouvelle, tirent leur dénomination de leur bâfe, formée d'angles, dont les côtés fe flanquent mutuellement à angle droit [1] ; douze arcs de voûtes, *a b*, *c d*, & d'un diamètre plus ou moins grand, fuivant les proportions du diamètre même de la tour, portant fur douze piliers angulaires 1, 2, 3, 4, foutiennent le mur circulaire de cette tour ; & ces douze piliers, dont les côtés tendent

[1] *Voyez* Planche 7. *Fig.* 1, 3 & 5.

à former par leur inclinaifon, des angles de foixante degrés, font terminés par des éperons, ou
avant-becs en faillie, faifant le fommet de l'angle,
qui mettent à découvert toutes les parties de la
circonférence de cette bâfe; de maniere que
quelque près qu'on en approche, on eft également vu & expofé aux feux dirigés pour la défendre; & cette maniere de découper les bâfes de
ces tours, en défend parfaitement l'accès, comme
il eft aifé de le voir dans la figure [1].

Pour peu qu'on y faffe attention, on fentira
que le polygône fervant de bâfe à ces fortes de
tours, ne peut être moindre qu'un dodécagône,
puifque tous les rentrants doivent former des
angles droits; & que fi le polygône avoit moins
de douze côtés, l'angle faillant deviendroit de
moins de foixante degrés; mais quant à la circonférence propre de la tour, dans le cas du dodécagône, elle doit être regardée comme divifée
en vingt-quatre parties, dont douze forment les

---

[1] On verra dans les différentes applications qui feront faites de ces
tours, qu'elles font deftinées à être couvertes d'un parapet en terre,
extérieur & environnant, élevé à la hauteur des avant-becs & du ceintre
des voûtes.

arcades vis-à-vis des rentrants , & douze autres
fervent de bâfe aux avant-becs, telles que l'on
voit les parties *b c*, *d e*, de la circonférence de la
tour, faifant la bâfe des avant-becs, *b* 2 *c*, & *d* 3 *e*,
fig. 1, 3 & 5 ; d'où il fuit que le diamètre de ces *Fig.* 1,
tours eft toujours relatif aux dimenfions que 3 & 5.
doivent avoir les vingt-quatre parties de leur
circonférence [1]. Or, la bâfe des avant-becs, ou la
partie de la courbe qui leur en fert, telles que *b c*,
d e, étant dans les dimenfions de trois , quatre,
cinq ou fix pieds , & la partie de cette même
courbe répondant à l'angle rentrant, telle que *a b*,
ou *c d*, ou *e f*, n'en pouvant avoir moins de douze,
& plus de trente, il réfulte que ces deux parties
pourront être confidérées fans erreur fenfible,
comme une feule corde de l'angle au centre du
dodécagône de trente degrés ; & comme dans
ce polygône, le rapport du rayon à fa corde,
eft à-peu-près comme quatre-vingt-cinq eft à

---

[1] On n'entend parler ici que des tours qui ont le dodécagône pour
bâfe ; ce qui fera dit à leur occafion, conviendra également à tous les
polygônes d'un plus grand nombre de côtés ; & jufqu'à la ligne droite,
ou l'angle flanqué, devenant de quatre-vingt-dix degrés, fe trouve égal
à l'angle rentrant.

quarante-quatre ; l'on voit qu'une tour , dont la corde compofée de celle des arcs, des angles rentrants , & de l'avant-bec , feroit de quinze *Fig.* 1. pieds & demi à feize pieds (*fig.* 1), auroit fon rayon de trente pieds environ ; mais les avant-becs ne pouvant avoir moins de quatre pieds de bâfe , & l'arcade, vis-à-vis des rentrants, moins de douze pieds de diamètre, pour que les côtés flanquants foient par leur étendue, fufceptibles d'une bonne défenfe, faifant enfemble les quinze pieds ci-deffus , il réfulte que la plus petite des tours angulaires, dans cette conftruction, doit avoir dix toifes de diamètre, fans compter les avant-becs.

De même, une tour dodécagône, dont les avant-becs auroient fix pieds de bâfe, & la grande voûte trente pieds, la corde des deux arcs, étant à-peu-près de trente-fix degrés, le rayon de cette tour feroit de onze toifes & demie environ, & le diamètre de vingt-trois à vingt-quatre toifes.

Ainfi l'on ne pourroit faire des tours d'un plus grand diamètre, à moins de donner plus d'éten-due à la bâfe des avant-becs, ou plus de côtés au polygône formant leur bâfe , puifque les arcades vis-à-vis des rentrants, ne pourroient être de plus

de

de trente pieds de portée, fans devenir d'une grande élevation, ce qui obligeroit à des para-pets d'autant plus élevés pour les couvrir, outre l'augmentation de maçonnerie, qui ne laifleroit pas d'être confidérable. L'on a exprimé, Planche 7, *fig.* 3, une tour dans des dimenfions un peu moindres, dont le rayon fe trouve de neuf toifes & demie, & fuffit pour y pouvoir pratiquer une double enceinte, ou deux tours angulaires, l'une recouvrant l'autre, avec chacune leur bâfe angu-laire & oppofant un double obftacle à l'ennemi. Alors tenant la tour du centre plus élevée, on y auroit une double terraffe. Les plans & profils de cette tour, Planche 7 , *fig.* 3 & 4, en font voir toutes les parties.

Mais en fuppofant des avant-becs de trois toifes deux pieds deux pouces de bâfe, & des arcades vis-à-vis des rentrants, de quatre toifes cinq pieds, comme on voit, Planche 7 , *fig.* 5 & 6 ; alors le rayon de cette tour dodécagône feroit de quinze toifes quatre pieds fix pouces fans les avant-becs ; ce qui donneroit le moyen de faire une tour, qu'on pourroit tenir à noyau creux, en fixant la largeur du rempart feulement à quatre toifes

Tome I.   Q

Planche 7. Fig. 3. Fig. 3 & 4. Fig. 5 & 6.

quatre pieds, ou bien si l'on vouloit remplir toute la capacité intérieure, & n'avoir qu'une premiere terrasse au niveau des voûtes du premier étage, on pourroit élever sur le mur intérieur, une seconde tour, qui auroit alors onze toises de rayon, & pourroit de même former une seconde terrasse découverte. Il resteroit encore la possibilité de former une troisieme tour au centre, plus élevée d'un étage que la seconde, qui auroit cinq toises quatre pieds de rayon. Il faut voir, Planche 7, *fig.* 3 & 5, les plans en fondation, & en vue d'oiseau, l'élevation & les coupes de cette tour à trois enceintes. La *fig.* 7, en est une coupe sur la ligne du plan, *fig.* 5.

Les *fig.* 8 & 9, font des portions de tour à peu de chose près, dans les mêmes proportions, dont on a détaché les parties du milieu pour faire voir deux différentes manieres de disposer les escaliers dans ces tours. La *fig.* 8 en exprime un à double vis, placé dans la tour du milieu, ou le noyau. L'on peut monter par une des rampes, & descendre par l'autre, ce qui est commode dans bien des cas. La *fig.* 9, exprime un escalier en dehors de ce même noyau; comme on peut faire des efcaliers de différentes manieres, & en différens endroits, ces deux exemples font fuffifants, & difpenferont d'en exprimer dans tous les deffins, chacun pouvant les y placer de la maniere qui lui paroîtra plus convenable.

On voit, Planche 8, deux autres tours dans différentes proportions, exprimées dans un plus grand détail que les précédentes, chacune ayant trois plans de trois de fes étages, & trois coupes & élévations fur différentes lignes des plans, qui en développent toutes les parties, tant intérieures qu'extérieures. Les plans 1, 2, 3, & les coupes & élévations 4, 5 & 6, appartiennent à la même tour, comme il eft facile de le voir. Il faut obferver feulement que la *fig.* 5, eft l'élevation d'une partie, & la coupe circulaire de l'autre, fuivant la ligne droite du plan *A B*, & la ligne courbe *B C*, qui fe voit ainfi ponctuée fur le plan, afin de faire voir, par la coupe circulaire, *fig.* 5, les ceintres des voûtes; faire voir que les petits murs *a, a, a, a*, ne s'élevent qu'à fept pieds de hauteur, & ont pour objet, non de foutenir le mur circulaire de la tour, qui n'eft point affez épais pour porter ni fur eux, ni fur l'extrémité

PLANCHE 8.

Fig. 1, 2, 3, 4, 5 & 6.

Fig. 5.

des avant-becs, mais pour couvrir l'intérieur de la tour qui feroit découvert par toute la largeur des portes, fi ces petits murs ne paffoient pas l'aplomb intérieur du mur de la tour. Il faut fuivre avec beaucoup d'attention, ces deffins, qui font faits avec bien du foin, fi l'on eft curieux de connoître exactement la conftruction de cette piece; car tout y eft exprimé. Une longue defcription de toutes ces parties n'en faciliteroit pas l'intelligence à ceux qui y feroient peu d'attention; & quant aux autres, les deffins leur fuffiront: on dira feulement que la *fig.* 1, eft un plan des fondations exprimant la citerne; que la *fig.* 2, contient quatre plans. Du raiz-de-chauffée, du premier plancher, du fecond plancher, & de la platte-forme; & que la *fig.* 3, eft le plan à vue d'oifeau de la platte-forme, & de la tour au centre, coupée à la hauteur des crénaux de fon premier plancher. Cette même *fig.* 3, & les coupes 4 & 5, font voir dans le haut, l'iffue des tuyaux de cheminées qui font fenfés venir du raiz-dechauffée, & du premier étage, dont les foyers & tuyaux n'ont pû être exprimés à caufe de la petiteffe de l'échelle des deffins.

Les *fig.* 7, 8, 9, 10, 11, 12, expriment une très-petite tour, qui n'a que cinq toifes & demie de diamètre extérieur. Elle n'eft point terminée comme les précédentes, par une platte-forme, afin que toutes les batteries en foient couvertes. L'on fent, par cet exemple, que toutes les autres tours pourroient être conftruites de même ; & nous ferons voir que les flancs droits en feront également fufceptibles. Cette méthode feroit même celle à laquelle nous donnerions toujours la préférence, fi nous avions à décider de ces fortes de conftructions. Nous ne pouvons faire aucune eftime des batteries découvertes au-deffus des remparts, & fi nous les avons laiffés fubfifter dans nos deffins, ce n'eft qu'en nous conformant à un ufage que nous fommes fort éloignés d'approuver. Cette derniere tour a été réduite dans ces proportions, afin que le toifé en foit peu confidérable, & afin de pouvoir remplir plufieurs objets utiles, dont les principaux feront, comme on le verra par la fuite, de fervir de magafin à poudre, & tenir lieu de corps-de-gardes, placés dans les gorges des ouvrages, en même-tems qu'ils en formeront les retranchemens. La petiteffe de fon

diamètre a occafionné un changement de difpofition dans la bâfe, dont les plans donnent une
entiere connoiffance. On voit donc par ce qui
précéde, que ces fortes de tours peuvent être
variées fuivant les différens objets qu'on peut
avoir à remplir : enfin, on pourra également,
en fortant des enceintes circulaires, former des
remparts angulaires en ligne droite, de la longueur qu'on defirera, en les terminant, pour les
lier enfemble, par une portion de la circonférence
de ces tours angulaires, comme un tiers, fi c'eft
un triangle à former, ou un quart, fi c'eft un
quarré, & l'on aura un rempart angulaire continu,
tel qu'on le verra dans les Planches de la feconde
Partie, deftinées au développement d'un fort,
dont ces remparts angulaires forment le centre.

Divers exemples qu'on en donnera feront connoître que ces forts, à tours angulaires, peuvent
être auffi petits, & auffi grands qu'on le defire, foit
relativement à l'emplacement, foit relativement
à la dépenfe ; mais dans tous les cas, on verra
qu'ils font capables de la plus grande réfiftance.
Couverts feulement d'un parapet de terre en
avant, tel que celui d'une fimple redoute, ils ne

peuvent être battus que dans le haut des murailles, lesquelles sont construites de maniere à ne pouvoir être renversées qu'en les détruisant dans toute la profondeur des voûtes dirigées du sens des rayons, & qui n'ont, par conséquent, aucune poussée extérieure; mais nous devons nous renfermer, pour le moment, dans la tour angulaire dont il s'agit.

Il est évident, qu'au moyen d'une tour telle qu'on la voit, Planche 7, *fig.* 3 & 4, formant le retranchement de la gorge, on rendra l'attaque des bastions d'une difficulté si grande, qu'on ne sait si elle seroit même surmontable. On voit, Planche 3, *fig.* 2 & 3, Planche 9, *fig.* 1 & 2, les plans des fondations, & à vue d'oiseau, de cette même tour, placée dans le bastion, fermant sa gorge, on y remarquera sa seconde enceinte angulaire, qui supplée à la premiere, & qui oppose à l'ennemi un nouvel obstacle encore plus difficile à surmonter que le premier. On voit de même les élévations, Planche 6, *fig.* 3 & 4, qui sont des coupes sur les lignes *E F* & *G H*, du plan exprimé, Planche 5, en suivant ces divers dessins, sur les lignes de leurs plans, on y

Planche 7.
Fig. 3 & 4.

Planche 3.
Fig. 2 & 3.

Planche 9.
Fig. 1 & 2.

Planche 6.
Fig. 3 & 4.

Planche 5.

reconnoîtra de quelle réfiftance prodigieufe une pareille difpofition de remparts eft fufceptible; de quelle reffource elle feroit pour une garnifon, non-feulement pour la défenfe intérieure, (j'entends toute celle en dedans du grand foffé) mais pour la défenfe extérieure, en dehors de ce même grand foffé, d'abord par la plongée de ces tours dans les tranchées, & fur-tout dans les fappes, qu'on fera obligé de faire couvertes, à une grande diftance de la paliffade du chemin couvert, mais encore dans les batteries en breche, où les canoniers feroient vus jufqu'aux talons, ce qui rendroit le fervice des pieces impoffible, en admettant, comme nous y avons ci-deffus confenti, la fuppofition qu'une pareille batterie eût pû être faite; ce qu'on fent bien qui n'eft abfolument pas praticable, fous tous les feux partant des galeries cafematées, du flanc oppofé, de la courtine, de la demi-lune, & de la face du baftion attaqué. La direction des feux attaqués, Planche 5, fait voir plus de trente pieces de canon labourant, de tous les fens, la batterie *A*, & plus de cent cinquante crénaux à fufils de remparts, donnant fur la même batterie, partant de la galerie cafematée d'enceinte,

PLANCHE 5.

d'enceinte, fans compter les feux des tours. Non-
feulement tout homme du métier, mais tout
militaire fufceptible de la plus petite application,
fentira qu'avec de tels moyens, la garnifon la
plus foible pourroit devenir capable d'oppofer la
plus grande réfiftance : fi l'on veut faire attention
que ce font nos plus mauvaifes places qui peuvent
acquérir un tel degré de force, on ne pourra difconvenir de la grande utilité de ces méthodes.

Mais quoi qu'il en foit, des avantages confidérables qui réfulteroient des tours angulaires ainfi
placées, il eft d'une vérité conftante, que des
retranchemens revêtus dans la gorge des baftions,
quels qu'ils foient, font de premiere néceffité. Il
n'exifte rien de plus utile à faire dans le Royaume ;
c'eft donner une valeur à des corps de places qui
n'en ont aucune par eux-mêmes, dès qu'ils font
fans retranchemens, puifqu'auffitôt qu'ils font
ouverts, il faut capituler ; c'eft rendre les flancs,
tels qu'ils font mêmes, de quelqu'utilité à la
défenfe des baftions ; la raifon en eft fenfible.

Lorfque le baftion eft fans retranchement, &
que la breche eft faite ; quand même le feu du
flanc eût été capable d'endommager beaucoup

Tome I.   R

l'épaulement du pont du foffé, & de mettre par-là à découvert les troupes qui auroient à paffer fur ce pont, ce même feu ne pourroit point être affez confidérable pour détruire une colonne d'in-fanterie, dans le peu de tems qu'elle emploie à monter à l'affaut. La place feroit emportée tout comme s'il n'y avoit point de flancs. Le feu des flancs étoit dans tout fon entier à Berg-op-Zoom; quelques malheureux, fans doute, en ont été les victimes, mais tous les affauts n'en ont pas moins réuffi. Qu'il y ait un bon retranchement dans la gorge, il obligera l'ennemi à faire un logement en régle fur le haut de la breche ; il fera forcé d'employer plufieurs jours à établir des batteries de canons pour battre ce retranchement & l'ouvrir; ce qui donnera au feu du flanc, le tems de détruire la communication au travers du foffé ; & fi ce feu étoit tel qu'il pourroit être par des fouterreins pratiqués dans le flanc, comme on en a vu, Planches 5, 6 & 9, on ne craint pas de dire que ce retranchement feul feroit capable de fauver la place, n'étant pas poffible, fous un feu pareil, de conferver une communication avec fes tranchées.

PLANC.
5, 6 & 9.

L'on peut donc donner ce principe général comme le plus falutaire qui puiffe exifter dans l'Art de fortifier : augmentez & affurez le feu des flancs ; oppofez à l'ennemi des obftacles puiffans en dedans du grand foffé ; & fi ces feux ainfi que ces obftacles font tels qu'ils pourroient être , foyez tranquilles fur le fort des places.

Ces maximes ont fait la bâfe de notre théorie dans ce Traité ; & nous nous flattons de les avoir exactement obfervé dans les méthodes que nous avons employées , en retranchant la gorge des baftions , & cafematant leurs revêtemens ; nous ofons donc avancer qu'une enceinte baftionnée, difpofée comme nous l'avons fait voir, Planches 5 , 6 & 9 , feroit, on ofe le dire , impoffible à réduire par la force.

Mais ce n'eft pas fon feul avantage ; celui de la durée , d'où réfulte l'économie , s'y trouve réuni, puifque tous les revêtemens d'efcarpe & de contrefcarpe y font confidérablement abaiffés ; & quant à ces derniers , l'on voit au plan, Planche ^{Planche} 5 , ainfi qu'aux profils , Planche 6 , *fig*. 1 , que ^{5.} leur abaiffement produit encore un très-grand ^{Planche} ^{6.} avantage, celui d'avoir un fecond chemin couvert ^{*Fig.* 1.}

R 2

à fleur d'eau, par lequel la garnifon peut continuellement inquiéter les logemens de l'ennemi,
& par de fréquentes attaques fur fon flanc, oppofer de grands obftacles au comblement du foffé:
manœuvre impoffible lorfque les contrefcarpes
font élevées de huit à neuf pieds au - deffus du
niveau de l'eau, & que l'affiégeant y peut arriver
par une defcente couverte ; c'eft dans cette vue
que nous avons reculé la crête du glacis, afin de
pouvoir former ce fecond chemin couvert, en
confervant la même largeur au premier; & nous
comptons, de cette façon, avoir rempli les objets
les plus importans.

CHAPITRE CINQUIEME.

Des Places à conftruire.

Nous avons fait connoître dans le Chapitre précédent, les principaux défauts des baftions; nous avons indiqué des moyens d'y remédier qui réuniffent le double avantage d'affurer la durée des remparts, en même-tems qu'ils en augmentent infiniment la force. Nous avons donc fait tout ce qu'il eft poffible de faire, en faveur des places déjà conftruites , & nous n'avons plus à nous occuper que de celles qui font à conftruire.

Dans les principes que nous avons déjà indiqués, toute enceinte de place doit fe fuffire à elle - même. Les enceintes baftionnées ne font fufceptibles d'aucune reffource intérieure, & l'on n'a fçu y ajouter que des ouvrages extérieurs en avant du grand foffé, impoffibles à défendre par l'impoffibilité d'y communiquer. Il en eft tout autrement de l'enceinte angulaire, dont nous avons ci-deffus tracé le premier trait, Planche 1, fig. 7; on peut voir, fig. 9, quelles reffources cette

Planche
1.

Fig. 7.

forme de rempart peut fournir [1]. Les ouvrages extérieurs, appellés *contregardes*, placés ordinairement en avant du grand fossé, font ici placés en dedans, & couverts par ce grand fossé, de maniere, qu'outre la difficulté de le passer (qui est infinie dans ce système), on a, après son passage, des obstacles aussi grands à surmonter, pour arriver au corps de la place.

Chaque angle faillant, dans cette construction, est composé d'un premier double mur casematé & isolé, d'un fossé fec derriere ce mur, d'un couvre-face en terre, trop étroit pour pouvoir y placer des batteries de canons : un fossé plein d'eau, un mur simple bordant le fossé plein d'eau [2] ; un second fossé fec entre le mur simple & le rempart ; enfin le rempart de la place.

----

[1] On a préféré, dans cette *fig. 9*, de déterminer le tracé d'un front angulaire, en assujétissant l'angle rentrant au milieu de la courtine de chaque front bastionné, de maniere que les capitales des faillants puissent cadrer aux capitales des bastions, plutôt qu'à celles des demi-lunes, afin de faciliter davantage la comparaison des deux tracés.

[2] Nous nous exprimerons toujours de cette maniere : fossés pleins d'eau, ou fossés fecs, qu'il y ait de l'eau, ou qu'il n'y en ait point. Dans ce dernier cas, les fossés fuppofés pleins d'eau, devront être feulement des fossés plus profonds que ceux appellés fossés fecs.

Mais la *fig.* 9 , Planche 1 , étant fur une trop petite échelle, il faut voir le détail de toutes ces pieces , Planche 10 , où l'on a tracé plus en grand, deux angles faillans *a* & *b* , repréfentés chacun en fondation & à vue d'oifeau. C'eft à l'angle *a* , qui n'a pu être exprimé en entier fur la Planche, que fe trouve le double mur cafematé le long du grand foffé, dont un côté fe trouve en entier à vue d'oifeau, & le côté en fondation n'y paroît qu'en partie. Ce mur eft remplacé à l'angle *b* , par une galerie baffe , couverte extérieurement en terre , beaucoup plus foible que le double mur, mais qui a le mérite de l'économie, & fuppofe des obftacles dans les approches qu'on pourroit former en avant d'un pareil rempart, telles que des inondations ou terreins marécageux. L'on a ajouté à ces faillants un avant foffé , pour donner lieu à un rempart d'enceinte en terre, formant un couvre-face général , qui fera d'une très-petite dépenfe , & procurera beaucoup d'avantages ; & fi l'on veut fuivre les lignes de profils relatives à ce plan, fur la Planche 11 , qui les contient , on aura une connoiffance entiere de toutes les parties de cette Fortification. On y verra par quelle

Planche 10.

Planche 11.

multitude de feux elle eſt défendue. Mais avant de paſſer à l'explication des profils exprimés ſur cette Planche 11, il eſt indiſpenſable de traiter de la néceſſité des feux couverts, ainſi que de leur poſſibilité, & d'offrir des deſſins en grand d'une piece que nous avons nommée caponniere caſe-matée capable des plus grands effets dans ce genre.

Il eſt difficile de concevoir comment on a pû ſe flatter que des places ſans batteries de canons couvertes, pourroient être capables de quelque réſiſtance; comment on a pû ſe borner à placer de l'artillerie ſur des remparts tout découverts, & enfilés de tous les ſens, ou ſur des cavaliers éga-lement expoſés à la formidable artillerie dont on écraſe aujourd'hui les places aſſiégées. L'objection ſi commune qu'on fait de la fumée, ne ſauroit être ce qui empêche la conſtruction des ſou-terreins, ſans leſquels il ne peut exiſter de places fortes aujourd'hui. Il peut être que dans quelques caſemates, où les ventouſes ſe ſont trouvées trop petites, la fumée aura occaſionné quelqu'incom-modité; mais on n'en conclura pas que le ſervice du canon, dans des caſemates, eſt impoſſible; il n'y a certainement pas d'homme raiſonnable

qui

qui ne fente qu'il y a tel nombre de cheminées & telles proportions à leur donner pour opérer furement l'évacuation de la fumée, plus promptement même qu'il ne feroit néceffaire. Un entre-pont de vaiffeau n'a que fix pieds & demi de hauteur : il n'a que fes fabords & quatre écoutilles, dont deux fort petites ; cependant le fervice du canon, & celui même du vaiffeau fe fait dans l'entre-pont, la tête dans la fumée. Comment ne pourroit-on pas habiter dans un fouterrain qui a néceffairement trois à quatre fois plus d'élévation ? qui a des embrâfures plus grandes que les fabords, pour la fortie du gros de la fumée de la bouche du canon, & qui peut avoir des ouvertures pratiquées au haut de la voûte, dix fois plus grandes que celle des écoutilles ?

Le falut des places dépend aujourd'hui des feux couverts qu'elles peuvent oppofer à l'attaque de leurs ouvrages. J'ai donc travaillé avec le plus grand foin, cette partie de l'Art de fortifier, qui en eft une des plus importantes, & je me flatte d'être parvenu à raffembler, dans peu d'efpace, le plus grand feu de canon & de moufqueterie, dont on ait pû fe former l'idée, avec des ouvertures fi multipliées, qu'on y respireroit comme en plein air ; il ne peut sortir d'un vaisseau à trois ponts embossé, un feu aussi vif qu'il en sortiroit de mes pieces casematées. Les plans, les profils & les élévations d'une de ces pieces contenues aux Planches 12 & 13, que l'on n'a qu'à suivre, en feront connoître jusqu'à la moindre partie, & en démontreront mieux qu'aucun raisonnement, & la possibilité, & la très-grande utilité. Il ne sera pas possible de mettre en doute que ces doubles batteries de canons couvertes, & ces triples batteries de fusiliers, qui se trouvent si commodément & si utilement placées dans ces sortes de pieces, ne soient capables de raser & de réduire en poudre, tous les épaulemens qu'on entreprendroit d'élever devant elles ; de-là doit naître infailliblement le salut des places.

Cet objet étant donc d'une telle importance, nous devons entrer, à ce sujet, dans des détails suffisans, & sur-tout offrir des plans qui ne laissent rien à desirer ; la matiere étant neuve, demande à être rendue sensible.

Des flancs cafematés & caponnieres cafematées.

Nous donnons ici, Planche 12, une caponniere cafematée, dans fes grandes dimenfions de trente-cinq toifes de longueur de flanc, de *a* en *b*. Planche 13, *fig.* 1, vingt-une toifes de largeur de *a* en *d;* de cinquante-quatre toifes & demie de capitale de *c* en *e*, & trente-fept pieds de hauteur de crête de parapet. Cette piece formidable, doit être confidérée comme deux flancs adoffés & réunis par une même voûte, formant une galerie fort élevée, deftinée à la communication de l'une à l'autre. Elle eft repréfentée en entier, Planche 13, *fig.* 1, où l'on voit fon plan, moitié en fondation, & moitié en vue d'oifeau.

Planc.
12 & 13.

Lorfque nous n'avons befoin que d'un flanc, nous employons une moitié de cette piece dans le fens de fa longueur, & cette même moitié reçoit des diminutions, foit dans fa longueur, foit dans fa hauteur, fuivant que les foffés doivent avoir de largeur & les remparts d'élévation. Rien n'y eft donc fixé invariablement. Les deffins n'en ont point été faits dans cette intention; les épaiffeurs, les hauteurs des murs, la forme des crénaux, n'ont été déterminés que d'une maniere

S 2

générale, & feulement pour en indiquer la place;
mais l'intelligence de cette piece, telle qu'elle eft
repréfentée dans ces différentes figures, donnera
la connoiffance de toutes celles qu'on peut faire
dans ce genre.

Le plan en grand, qu'on offre ici, Planche 12,
eft compofé des plans particuliers de chaque
batterie de canons, ou de fufiliers, & eft coupée
en échelons dans le milieu de leurs crénaux. Nous
avons placé de chaque côté, dans l'étendue du
flanc, huit arcades de vingt pieds dans œuvre
chacune, & de vingt-cinq pieds de hauteur fous
clef de voûte. La galerie, ou la grande communication des arcades d'un flanc aux arcades de
l'autre, a vingt-quatre pieds de largeur & quarante pieds de hauteur fous clef; malgré la grande
élévation des arcades deftinées aux batteries de
canons, nous avons pratiqué une ouverture à
chacune de huit pieds de large, fur neuf pieds &
demi de long, ou de foixante-feize pieds quarrés,
& nous avons, outre cela, pratiqué dans la grande
voûte élevée de quarante pieds, une autre ouverture vis-à-vis de chaque arcade, de huit pieds
en tout fens, ou de foixante-quatre pieds quarrés:

ainfi, quoique le fouterrain foit d'une étendue
& d'une élévation fi confidérables, chaque arcade
a de plus cent quarante pieds quarrés d'ouverture,
pour évacuer feulement la fumée des amorces des
canons, lorfqu'elle fe fera élevée à la hauteur de
vingt - quatre pieds & de quarante pieds: mais
on verra, dans le détail des deffins, que la fumée
de chaque amorce a encore une iffue directe,
par une cheminée dont l'ouverture fe trouve au-
deffus de chaque piece, des manteaux placés dans
toute la longueur, conduifant ces fumées dans
les tuyaux deftinés pour les évacuer, & qui ont
leur iffue particuliere dans le talut du parapet qui
regne tout le long de la piece. Nous fommes
bien affurés que dans la pratique, tant & de fi
grandes ouvertures, feront aux trois quarts fu-
perflues; ainfi nous ne les donnons point dans
ces deffins comme devant être exécutées telles
qu'elles font; mais comme il feroit poffible d'en
pratiquer encore de quatre fois plus grandes,
nous regardons comme entiérement détruite,
cette vaine & commune allégation de la fumée,
qui ne peut jamais avoir eu de réalité que dans
des voûtes baffes, où l'on n'avoit pratiqué que

de très-petites ouvertures. Je fuis entré à Olmutz, en Moravie, dans les flancs cafematés, que l'Impératrice-Reine avoit fait conftruire depuis peu. Les voûtes n'avoient pas plus de feize à dix-huit pieds de hauteur : elles n'avoient que deux foupiraux chacune, l'un répondant fous le cordon du revêtement, de deux pieds quarrés au plus, & l'autre répondant au pied du talut du parapet fupérieur. Ce dernier pouvoit avoir trois pieds quarrés d'ouverture. Les deux ouvertures n'avoient donc enfemble, que cinq pieds quarrés, & elles fe font trouvées très-fuffifantes dans les épreuves rétéirées qu'on en a faites avec le feu le plus vif ; mais une preuve certaine qu'on a été content de l'effai, c'eft qu'on a continué de conftruire des cafemates pareilles fur tout ce front, & l'on ne peut douter, que fi le fervice du canon n'y eût pas été praticable, on ne s'en fût tenu à la premiere. Nous avons même acquis depuis, une nouvelle certitude, que l'inconvénient de la fumée ne feroit point à craindre dans nos fouterrains, quand les ouvertures y feroient beaucoup moins grandes, fondée fur l'opinion d'un Officier général d'artillerie, (M. de G.) eftimé de toute l'Europe, & généralement reconnu pour avoir les connoiffances les plus étendues fur tout ce qui concerne les effets du canon.

Les canons qui font fuppofés du calibre de vingt-quatre, fe trouvent ici efpacés à huit pieds, tandis que ceux de trente-fix ne le font qu'à fept pieds & demi fur les vaiffeaux de guerre. Il y en a vingt-quatre à chaque batterie, ce qui fait quarante-huit pieces de canons couvertes, & feize découvertes. On a, dans ce deffin, exprimé une platte-forme fous les affuts, qui ne doit point avoir lieu fur les planchers, & dans les raiz-de-chauffée, elle doit être de niveau au terrain ; trois étages de galeries propres à placer des fufiliers, qui font percées chacune de foixante-quatre crénaux, faifant enfemble cent quatre-vingt-douze crénaux à fufils de remparts, de maniere qu'un flanc de cette étendue pourroit fournir un feu à chaque décharge de quarante-huit coups de canon, & cent quatre-vingt-douze coups de moufquets, en ne comptant pour rien le feu du parapet fupérieur. On demande s'il feroit poffible d'établir une batterie de quatre à cinq pieces fur la crête du glacis, ni d'exécuter un paffage de foſſé, devant un pareil feu, dont une partie tire de bas en haut, caſſe, briſe, enleve faſcines & gabions, & met tout en pouſſiere. Les flancs concaves, ſuivant les méthodes uſitées, ne peuvent contenir que ſix à ſept pieces de canon, dont on a bien de la peine à conſerver une ou deux, ſur la fin du ſiége, qui eſt le tems où elles feroient le plus utiles. On voit que l'un ne ſauroit être comparé à l'autre, & qu'on peut réduire au tiers & au quart, ce feu prodigieux, & l'avoir encore bien ſupérieur à tout ce qui exiſte. C'eſt ce que des raiſons d'économie nous engagent ſouvent de faire, ſans craindre que notre défenſe ne reſte encore bien au-deſſus des défenſes qu'on a adoptées par-tout, & qu'on eſt accoutumé à juger très-bonnes. Après ces réflexions générales, nous allons paſſer à l'explication des Planches.

Planche 12. L'on voit, Planche 12, le plan d'une partie de la caponniere caſematée repréſentée en entier, Planche 13. *Fig.* 1. Planche 13, *fig.* 1, qui en contient à-peu-près les deux tiers dans ſa largeur. Ledit plan repréſentant chaque étage, ou batterie différente, ſavoir; la premiere batterie de canons marquée *a a*, la premiere de fuſiliers marquée *b b*, la ſeconde des canons

canons marquée *c c*. La feconde des fufiliers ,
marquée *d d*. La troifieme marquée *e e*. La troifieme batterie de canons marquée *ff.* L'efcalier
g, fert à monter dans toutes les batteries. *h h h*,
eft la galerie du milièu communiquant à toutes
les parties baffes des deux côtés, formant des
arcades, dont les côtés font ouverts de façon à
ne pas s'oppofer, ni à leur communication entre
elles, ni au libre emplacement de l'artillerie qui
s'y trouve diftribuée, comme fi ces arcades n'a-
voient point de mur de refend qui les foutint.

Mais à cette occafion, il s'élevera, peut-être,
des doutes fur la folidité de cette conftruction.
Un pilier dans lequel on a pratiqué une ouverture,
en doit être affoibli: fans doute, fi l'ouverture eft
grande & le pilier ifolé; mais le contraire fe
rencontre ici. Ce pilier, ou pour mieux dire,
cette jambe de force, eft contenue de droite &
de gauche, dans un maffif de maçonnerie, qui
s'étend d'un bout à l'autre de la piece, lequel
ne lui permet pas de céder d'aucun côté, & rien
n'empêchant d'ailleurs de donner à ce pilier, le
double de l'épaiffeur qu'il a dans le deffin, on a
cru pouvoir, fans inconvéniens, admettre cette

Tome I.   T

conftruction. Si l'on n'en jugeoit pas de même,
il feroit facile d'efpacer les canons différemment.
Rien n'eft ici déterminé irrévocablement, ainfi
qu'on l'a déjà obfervé.

Dès qu'on a préfenté, dans cette figure, les
plans des différens étages de batteries, depuis la
premiere marquée *a a*, jufqu'au dernier, marqué
ff, l'on fent que l'expreffion du talut du mur,
qu'on a fait ici beaucoup plus grand qu'il ne doit
être, afin de le rendre plus fenfible, doit s'élargir
depuis la batterie du raiz-de-chauffée jufqu'à la
derniere batterie fupérieure, & c'eft ce qui fe voit
entre *a* & *b*, où l'on remarque, de plus, que les
crénaux des batteries inférieures & fupérieures,
font exprimés dans le talut alongé felon les regles
de la perfpeétive, & regnent au même niveau
dans toute la longueur de la piece. Les premiers
marqués du chiffre 1, les feconds & fuivans, des
chiffres 2, 3, 4, 5 & 6. L'on voit de même, dans
ce plan, les ouvertures de toutes les cheminées
o, *o*, *o*, *o*, deftinées à laiffer une libre iffue à
la fumée des amorces, tant du canon que de la
moufqueterie, ainfi que célle occafionnée par le
feu des marmites des foldats, comme on le voit

en *m*, qui exprime le plan de la premiere galerie des fuſiliers ; *n*, la ſeconde, & *P*, la troiſieme, dans leſquelles on voit leurs lits *q*, *q*, *q*, *q*, avec leurs feux & marmites *r*, *r*, *r*, *r* ; l'on voit auſſi que les mêmes galeries de fuſiliers continuent le long des faces de la piece ; ce qui donne beaucoup de logement, d'où le ſoldat étant très à couvert, ſe trouve tout porté à ſon poſte, & peut à tout moment ſe mettre en défenſe.

Les voûtes pratiquées derriere les deux faces de cette piece, forment des magaſins de vivres & de munitions, & l'on ſent quelles commodités tous les ſouterrains d'une piece pareille peuvent fournir, ſur-tout, dans celles qui ne ſe trouvent pas du côté de l'attaque ; mais quant à cette derniere, ces mêmes voûtes & galeries forme- roient à l'ennemi un obſtacle invincible ; car la breche n'y pourroit être qu'un trou, où l'ennemi ne ſauroit entreprendre de pénétrer, ſans être arrêté à tous les pas, par des murs crénelés, élevés dans ces voûtes, les uns derriere les autres, d'où il ſortiroit un feu impoſſible à ſoutenir, & l'on ne penſe pas qu'on pût jamais réuſſir à ſe rendre maître d'une pareille piece.

T 2

La Planche 13, préfente plufieurs figures. La premiere eft, ainfi que nous l'avons dit, un plan à vue d'oifeau & en fondation, du total de la piece. La feconde, eft une coupe & perfpective fur la ligne *A B*, de la même piece.

Il n'eft pas poffible de repréfenter dans un plus grand détail, ni avec plus d'exactitude, les parties dont elle eft compofée. Tout y eft placé fuivant les regles de la perfpective. Pour éviter de la confufion dans le deffin, on n'a exprimé qu'un canon, de trois en trois ; mais rien d'ailleurs n'y eft omis ; l'on y voit les fufiliers à leur pofte, dans leurs galeries, dont l'une, du côté *A*, a été repréfentée en vue droite, tandis que celle du côté *B*, l'eft en perfpective, dont l'obliquité permet de voir le ceintre des contre-forts, qui marque le fens de la voûte qu'ils fupportent, & fait voir que la partie de cette galerie qui fe trouve entre le contre-fort & le mur de face, eft couverte par une platte-bande liée d'une part avec les voûtes des contre-forts, & de l'autre, avec le gros mur, de façon qu'il n'exifte aucune pouffée fur ce mur, conftruit d'ailleurs d'une maniere qui ajoute extrêmement à fa folidité, ainfi que nous

le dirons bientôt. L'efpace entre chaque contre-
fort étant de neuf pieds & demi fur vingt, donne
au foldat toute l'aifance néceffaire, pour que le
fervice des uns ne nuife point au repos des autres;
leurs lits, leurs marmites, s'y trouvent facilement
placés, dans chacun de ces intervalles, qui
ont auffi chacun leur manteau de cheminée pour
diriger la fumée, foit des marmites, foit de la
moufqueterie, dont les tuyaux deftinés à l'évacuer, répondent au pied de la banquette du
parapet fupérieur. Il regne de même, dans les
grandes voûtes, & dans toute leur longueur, des
manteaux inclinés pour diriger la fumée des
amorces des canons dans les cheminées qui y
correfpondent, tandis que celle qui pourroit fe
répandre dans la capacité des voûtes, aura l'iffue
la plus facile & la plus prompte par les ouvertures
du haut des voûtes exprimées dans ce deffin, dont
partie eft couverte par un grillage de fer, capable de ne pas céder à l'effort d'une bombe, &
l'autre partie par des bois inclinés qui regnent
d'un bout à l'autre de la piece, ainfi que cela
fe voit aux plans, Planches 12 & 13. Ces bois Planc.
fervant, en outre, d'abri aux foldats de fervice 12 & 13.

fur le haut du rempart. Le balcon qui paroît regner tout du long de la grande galerie du milieu, foutenu fur des piliers de chaque côté, a l'objet de faciliter la communication des arcades extérieurement, pour ne point embarraffer le fervice du canon. Pour peu qu'on veuille donner d'attention à l'examen de ce deffin, on aura l'idée la plus diftincte de la compofition d'une piece qui réunit les plus grands effets à la plus grande folidité; mais pour juger de ce dernier avantage, il faut confidérer la coupe de fes murs fur la ligne *C D*, Planche 13, *fig.* 3. Cette coupe fait voir d'abord, une arcade & demie de l'intérieur de la galerie des fufiliers, & la maniere dont les contre-forts font joints par leurs voûtes, ainfi que le plafond droit du corridor, qui regne le long du mur de face. Elle coupe tous les planchers, &, par conféquent, toutes les embrâfures de canon. Elle en montre la conftruction & l'enchaffement avec les poutres des mêmes planchers. Ce font des dâles de pierres de chacune quinze pouces d'épaiffeur, maintenues enfemble par des liens & boulons de fer, prifes & foutenues, de plus, par des poutres, entretenues & liées

Planche 13. Fig. 3.

elles-mêmes par un blocage de pierres, qui ne forme qu'un même corps du tout.

Cette coupe fait voir enfuite l'intérieur du mur de face dans une longueur d'une arcade & demie, femblable à la précédente, ainfi que la conftruction de ce même mur, exprimé de la maniere la plus fenfible. On y voit trois berceaux de voûtes l'une fur l'autre, pratiqués dans toute l'épaiffeur de la muraille, jufqu'à un pied de fon parement extérieur, afin que ce parement paroiffant tout uni en dehors, comme on en voit l'élévation exprimée dans cette même figure, rien ne puiffe indiquer la conftruction intérieure du mur, qui devient, de cette maniere, de la plus grande folidité, puifqu'on n'y peut faire breche qu'en le détruifant en entier, fur une grande étendue ; & cette opération feroit d'autant plus longue, qu'il n'y a point, comme aux remparts terraffés, de pouffée de terre, qui favorife le renverfement de la muraille : il n'y a point d'éboulement de ces mêmes terres, qui puiffe venir s'étendre par-deffus les décombres du mur, pour en rendre la rampe plus douce, & plus facile à marcher ; ce mur étant entiérement coupé, fi l'on peut fuppofer

qu'il le foit jamais, les deux tiers du parapet refte-
roient encore foutenus par des voûtes toutes entieres, qu'il faut détruire également en totalité;
l'on fent bien que de pareilles opérations ne
peuvent pas fe faire avec cinq pieces de canon
qui en auroient cinquante contre elles.

Fig. 4.   La *fig.* 4 de la même Planche, eft une coupe
fur la ligne *E F*, du plan qu'il faut regarder d'un
fens oppofé à celui de la précédente coupe; c'eft-
à-dire, ayant fur le plan la lettre *E*, à fa gauche;
alors la coupe fait voir d'abord, la face intérieure
du mur, avec fes crénaux, ainfi que les planchers
des galeries. Les voûtes de ces mêmes galeries ne
peuvent point y paroître, parce qu'elles fe trouvent derriere. Enfuite la coupe paffe au travers
des cheminées répondant au-deffus de la banquette du parapet. La même ligne rentrant en
dedans de la piece, fait voir d'abord, la coupe
des manteaux de cheminées; & enfin, en rentrant
encore davantage, elle fait voir, en élévation,
les canons en batterie fur leurs affuts, tels qu'ils
font placés dans la piece.

Après avoir fuivi exactement ces profils, élévations, perfpectives, & les avoir rapportés au
plan,

plan, on aura une connoiffance entiere de la conftruction de cette piece importante, abfolument neuve, que j'ai défignée fous le nom de caponniere cafematée. Mais comme cette compofition de mur, & cet enfemble de feux multipliés, s'écartent totalement des conftructions en ufage; il convient de placer ici, pour n'y plus revenir, le détail des principes que nous avons adoptés, pour toutes les maçonneries que nous aurons à employer, afin qu'on les connoiffe & qu'on les juge.

Il eft évident d'abord, que nos murs font dans un cas, non-feulement différent, mais totalement contraire à celui des murs des remparts terraffés, puifque les premiers font liés, maintenus, & font corps avec des berceaux & piliers de voûtes perpendiculaires à ces murs, de plufieurs toifes de longueur, tandis que les derniers font deftinés à foutenir toutes les terres du rempart & du parapet, & à réfifter à la pouffée très-confidérable de ces terres; d'où il fuit que les épaiffeurs néceffaires à cette réfiftance, & fur-tout les grands taluts qu'on a été forcé d'y ajouter, deviennent inutiles aux autres murs. Ceux-ci font comme les murs de face des édifices qui font corps avec le bâtiment appuyé en dedans, & retenu en dehors, par les liaifons des autres murs; auffi ne leur donne-t-on pas plus d'une ligne par pied de leur hauteur de talut ou fruit, faifant un cent quarante-quatrieme, tandis que les revêtemens terraffés doivent avoir leur talut d'un cinquieme de leur hauteur, à moins que leur épaiffeur ne foit confidérablement augmentée. M. Bélidor, dans la Science des Ingénieurs, d'après M. de Vauban, a déterminé géométriquement la pefanteur des terres que ces fortes de murs avoient à foutenir, & quelles étoient les dimenfions qu'il convenoit de leur donner, pour qu'ils fuffent capables de la foutenir. Il a dreffé des Tables en conféquence pour toutes les différentes hauteurs : on les peut confulter. L'on y verra que les remparts de trente-cinq pieds, ayant un cinquieme de talut, doivent avoir cinq pieds huit pouces trois lignes en haut, douze pieds huit pouces trois lignes au-deffus des fondations; ce qui donne l'épaiffeur moyenne de ce mur, de neuf pieds deux pouces trois lignes. Ne fuppofant fes fondations qu'à trois pieds, & ajoutant le petit mur, foutenant le parapet, on trouve que ce rempart , fans le contre-fort , donne dix toifes trois huitiemes cubes, par toife courante. Or, chaque contre-fort , fuivant les dimenfions des Tables , font de fept toifes cinq vingt-deuxiemes cubes ; ce qui donne, lorfqu'ils font efpacés à quinze pieds , trois toifes cubes, par toife courante, à-peu-près ; & lorfqu'ils ne le font qu'à dix-huit pieds (ce qui ne doit fe pratiquer que dans les terrains qui ont peu de pouffée) ils donnent deux toifes trois feptiemes cubes par toife courante. Ainfi dans le premier cas, la totalité de la maçonnerie dudit rempart , eft treize toifes trois huitiemes cubes, par toife courante ; & dans le fecond , douze toifes trois quarts.

M. le Blond, qui a recueilli, avec foin, dans fes Élémens de Fortification , les véritables proportions des remparts de M. de Vauban , en donne un profil qui s'accorde, à peu de chofe près , aux Tables ci-deffus calculées par M. Bélidor, & les tours baftionnées du Neuf-Brifac, ont été exécutées à-peu-près fur ce profil.

Lorfque ces remparts n'ont que trente pieds de hauteur , qui eft la moindre qu'ils doivent avoir, l'on trouve, par les mêmes Tables, que leur toifé eft, en y comprenant les fondations fuppofées à trois pieds de profondeur, de dix toifes un tiers cubes, par toife courante.

Quelques Ingénieurs ont pris fur eux, dans la vue d'économifer la maçonnerie, de diminuer ces proportions; mais quand ils l'ont fait aux dépens de la hauteur des remparts, ils ont privé cette efpece de Fortification, du feul mérite qu'elle puiffe avoir. Lorfqu'ils l'ont fait aux dépens des épaiffeurs des revêtemens, ils en ont altéré la folidité, reconnue par les Géometres, dépendante des dimenfions qu'ils ont fixées. On peut voir ces dimenfions dans le Chevalier de Saint-Julien, dans M. Bélidor, le Blond, &c. fixées d'après les ufages & la théorie des plus grands Ingénieurs.

Tout rempart terraffé, pour être en bonne conftruction, doit donc être, non-feulement très-épais, mais avoir un talut confidérable. Ces taluts ont cependant deux grands inconvéniens: ils augmentent la dépenfe, & diminuent beaucoup la durée des revêtemens. L'on fent que les eaux de pluie y pénétrent d'autant plus avant qu'ils font plus inclinés; que la pouffiere s'y fixe

en plus grande quantité, & que les mouffes, les
jombardes, & autres plantes, s'y multiplient plus
facilement, à raifon de la plus grande inclinaifon
du parement, & opérent plus promptement fa
dégradation. C'eft un mal univerfellement reconnu, auquel il étoit impoffible de porter remède, puifqu'il étoit impoffible de fupprimer
ces taluts.

C'eft donc un des avantages très-précieux de
notre méthode, de n'avoir plus befoin de taluts
extérieurs. Nous y fubftituons un talut intérieur,
pour employer le même mot, ou plutôt une bâfe
intérieure infiniment plus étendue & plus puiffante, pour retenir des murs de face qui n'ont
plus rien à foutenir : des murs qui font au contraire
unis, & font partie d'un corps de bâtiment de
trois, quatre & cinq toifes de profondeur, fuivant
les cas, avec lequel ils ne font plus qu'un même
tout ; c'eft un édifice bâti de quatre côtés, lié par
des murs de refend que rien ne pouffe d'un côté
plus que de l'autre, & qui pofe d'aplomb fur le
vafte emplacement qui lui fert de bâfe. Certainement le mur de face d'un pareil bâtiment n'a
pas befoin de talut extérieur. Il lui feroit nuifible,

en ce qu'il tendroit à le dégrader, & il n'a jamais été d'ufage de donner de talut aux façades des Palais les plus élevés. On fe borne à donner une ligne de fruit pour chaque pied de la hauteur, répondant à une cent quarante-quatrieme partie de cette même hauteur, comme nous l'avons déjà dit.

Mais la même loi qui a fixé les grands taluts aux remparts terraffés, a déterminé les grandes épaiffeurs à leur fommet; & fi nous voulions profiter de tous nos avantages de ce côté, nous pourrions les diminuer confidérablement, fans en attaquer la folidité; cependant, nous nous fommes déterminés à ne donner pas moins de quatre pieds d'épaiffeur au fommet des murs de face qui ont trente pieds de hauteur, laquelle épaiffeur diminuera d'un pouce à chaque cinq pieds d'élévation que les remparts auront de moins; c'eft-à-dire, que lorfqu'ils n'auront que vingt-cinq pieds de hauteur, l'épaiffeur fera de trois pieds onze pouces; à vingt pieds, l'épaiffeur fera de trois pieds dix pouces, &c. de moins, & nous donnerons un pouce de talut ou fruit par chaque dix pieds de hauteur.

Tous les deſſins de cet Ouvrage doivent donc être cenſés aſſujettis à cette regle, qui ſouffrira peu d'exceptions.

Cette cauſe de deſtruction, occaſionnée par les grands taluts des revêtemens, n'eſt pas la ſeule à laquelle il ſoit eſſentiel de remédier, celle qui agit continuellement ſur les voûtes de la plûpart des ſouterrains n'eſt pas moins importante à prévenir. Les épaiſſeurs ayant été fixées à trois pieds pour les rendre capables de réſiſter à l'effort des bombes, ne laiſſe rien à deſirer de ce côté; mais il n'en eſt pas de même de l'humidité qui les pénétre à la longue, & qui finit par pourrir tous les mortiers, & diſſoudre tous les cimens; il y a même lieu de préſumer que le plus grand mal provient du remède qu'on a cherché à y apporter. Toutes ces voûtes de ſouterrains ſont communément couvertes de quatre pieds de hauteur, de cailloutages d'abord, enſuite de terre. Cette terre eſt une éponge, qui ne ſéchant jamais, laiſſe paſſer les eaux ſurabondantes par les écoulemens pratiqués dans la maçonnerie, mais retient toutes celles qu'elle peut abforber, & ne ceſſe point de tenir humide le deſſus des voûtes dont elle eſt foutenue. Les Arts fe perfectionnent tous les jours; & s'il y a du mérite à ceux qui s'en occupent avec fuccès, il y en a à favoir eftimer & employer ces productions du génie. Nous avons depuis vingt à vingt-cinq ans, des maftics fupérieurement bons, pour unir & ne faire qu'un même folide de toutes les dales de pierres employées fur une terraffe. Lorfque ce ne font que de fimples planchers qui les foutiennent, & que les bois viennent à fléchir, on a l'expérience que les pierres caffent, & non le maftic. On en a d'anciennes & très-multipliées, de ce fait. On en a de même de leur immutabilité, lorfqu'elles font employées fur des voûtes folides. Nous n'avons donc point héfité à fupprimer ces terres fi funeftes aux voûtes qu'elles recouvrent, & fi nuifibles aux fouterrains qu'elles rendent inhabitables par leur humidité. Ces nouveaux maftics n'ont été même qu'une raifon de plus, & nous n'en avions pas befoin pour nous déterminer fur un objet auffi important; car ce n'eft point avoir des fouterrains, quand l'on n'a que des cloaques humides, où tout pourrit. Le moyen très-fûr de les préferver, c'eft de les couvrir. Une fimple charpente en appenti fur des

piliers,

piliers, couverte de tuiles, & entourée du mur le
plus mince, ou même de fimples planches, pratiqué au-deffus de chaque fouterrain, remédieroit
à tout. Ces appentis , qui ne peuvent être un
objet de dépenfe , ferviroient très - utilement à
mettre à l'abri, les affuts , les bois des plattes-
formes des remparts ; ils ferviroient de magafins ,
pour des grains , pour des foins, des pailles, qui
ne feroient plus dans le cas de mettre le feu dans
les villes , où on eft obligé de les laiffer pourrir à
l'air, n'ayant pas d'endroits à les mettre à couvert.
En cas de fiége , dans tout le côté de l'attaque, on
feroit *branle bas*, en terme de marine , comme fur
un vaiffeau au moment du combat, & tous les
bois de ces appentis démontés , feroient du plus
grand fecours aux mille & mille ufages auxquels
ils font utiles dans la défenfe des Places. Pour la
caponniere cafematée, dont on vient de s'occuper,
rien ne feroit plus fimple que cette conftruction ;
il ne faudroit que des bois portant, d'un côté,
fur la voûte de la grande galerie , & de l'autre fur
le parapet , un fimple chevalet dans le milieu de
cette partie, pour pouvoir y employer des bois
de peu de longueur & d'un foible équarriffage,

Tome I.   X

fi l'on n'en avoit pas d'autre. Alors tout feroit couvert, & le deffous tenu auffi fec qu'une maifon peut l'être.

Après avoir fait connoître les avantages de la fuppreffion des terres fur les voûtes des fouter-rains, il eft à propos d'examiner un inconvénient qui paroît devoir réfulter de cette fuppreffion. En cas de fiége, on n'aura plus ces deux ou trois pieds de terre pour enterrer les bombes, & en diminuer l'effet ; mais nous obferverons d'abord que deux ou trois pieds de terre fur un lit de cail-loutage, étant traverfés par une bombe qui s'y enfonce, donneront lieu à une explofion de cail-loux, qui multipliera les effets de la bombe, bien loin de les diminuer, & qu'il doit y avoir, dans l'ancienne maniere, plus à perdre qu'à gagner ; enfuite nous donnerons un autre moyen bien plus certain de n'être point incommodé par les bombes & les boulets fur ces plattes-formes ; c'eft de ne s'y tenir qu'autant de tems que les batteries de l'ennemi n'y feront pas dangereufes, foit parce qu'elles ne feront pas encore établies, foit parce qu'elles n'auront pas pû y être bien dirigées ; car dans notre méthode, ce font les hommes que

nous voulons conferver. Nous ne prétendons pas
les envoyer ainfi les uns après les autres tout à
découvert, leur faire caffer tête, bras & jambes,
jufqu'à ce qu'il n'en refte plus pour la défenfe la
plus importante, qui eft la défenfe intérieure.
Nous n'avons pratiqué nos flancs cafematés, que
pour avoir un avantage fur notre ennemi, qu'il ne
peut avoir fur nous; c'eft-à-dire, d'être couvert,
tandis qu'il eft découvert. C'eft ainfi feulement
que le petit nombre peut l'emporter fur le grand.
Toute autre maniere eft un être de raifon. Nous
affurons donc, qu'en fuivant nos intentions, on
n'occupera les batteries hautes & découvertes,
que le tems où les moyens de l'ennemi ne feront
point encore développés, d'une façon devenue
trop dangereufe pour la garnifon; qu'on y pra-
tiquera nombre de traverfes, à la place de nombre
de pieces de canons, qu'on en retirera pour en
conferver les affuts, & les placer plus utilement
ailleurs; qu'on fe blindra dans quelques parties
de ces batteries hautes, pour y conferver, fi l'on
peut, à la faveur de traverfes hautes & épaiffes,
& à la faveur des blindages, une ou deux pieces
de canons, qu'on retirera même, dès qu'on les

X 2

verra attaquées vivement par le feu de l'ennemi, pour les replacer après, quand il l'aura dirigé ailleurs, afin de le rappeller à ce même point, & le détourner d'un autre ; ce qu'il ne peut faire qu'en perdant du tems & des hommes, par le feu auquel ils feront expofés. Cette même manœuvre, fe faifant fur chaque batterie haute, fera très-embarraffante pour l'ennemi, & fans aucun rifque pour la garnifon, qui fe concentrera dans fes fouterrains, à mefure que l'affiégeant fera fes approches, pour lui oppofer toujours par tout un feu fupérieur au fien, & ne fe tenir fur les remparts qu'en petit nombre, & derriere de bonnes traverfes & de forts blindages, qui feront conftruits, tantôt dans un lieu, tantôt dans un autre ; & de cette façon, ce fera l'affaillant qui fe trouvera le plus embarraffé.

Ainfi donc, nul inconvénient, en quelque fens que ce foit, dans nos terraffes maftiquées de cet excellent maftic, plus folide que la pierre même ; & elles réuniront, au contraire, les plus grands avantages, en y conftruifant des magafins qui feront d'une reffource infinie, & pour la paix, & pour la guerre.

Enfin, pour aller au devant de toutes les idées qui pourroient être accueillies au premier afpect de cette nouvelle conftruction, nous allons parler des embrâfures & crénaux, dont les murs de nos flancs fe trouvent percés. N'en feront - ils point affoiblis? Le laps de tems peut tout, fans doute; & fi des murs totalement pleins ne font pas éternels, ceux parfemés d'ouvertures, quoique petites, le feront encore moins. Il eft apparent que les murs de façades de nos maifons feroient plus durables, s'il n'y avoit point de fenêtres; mais on y fait des fenêtres, parce qu'on préfére d'y voir clair, à leur plus grande durée; de même, il faut des crénaux pour que les fouterrains puiffent fervir à la défenfe des places. Ils dureront, peut-être, un peu moins, les ouvertures étant bien petites, en les comparant à nos fenêtres, & l'on n'en peut rien conclure de plus à leur defavantage. Car ces petites ouvertures feront toujours une caufe deftructive bien moins puiffante, que celle occafionnée par les grands taluts.

Mais le canon de l'affiégeant ne détruira-t-il pas facilement ces murs, au moyen de leurs ouvertures multipliées? Il faut d'abord favoir quel eft le canon qui les détruira, & où on suppose qu'il fera placé. Tous ces revêtemens crénelés ne font point vus de la campagne ; il faut être fur la crête du parapet de l'ouvrage qui les couvre pour les voir. Ils ne peuvent donc être frappés que de boulets partant des batteries à ricochet placées à la feconde parallele, c'eft-à-dire, à deux cent cinquante toifes, au plus près, de la crête du chemin couvert, qui eft lui-même à cent cinquante toifes du flanc cafematé, ce qui fait quatre cent toifes de portée. L'on fait qu'on ne tire à ricochet qu'avec des charges très-foibles, & que l'effet de cette maniere de tirer ne peut être que de caffer des rouages d'affut, & renverfer des gabions. On ne bat un rempart en breche, on ne renverfe un revêtement qu'en le battant de plein fouet, à la diftance de vingt à trente toifes ; ainfi les coups à ricochet ne font aucunement à craindre. Ceux même qui auront à frapper fur ces ouvertures n'y pourront rien dégrader, en employant une façon fimple de les en garantir, que nous indiquerons dans la fuite de cet Ouvrage.

Il ne reftera donc plus de moyens contre cette caponniere cafematée, qu'une batterie en breche, qui ne peut être que de quatre à cinq pieces de canons au plus, l'espace ne permettant pas d'y en placer davantage; mais cette batterie, comme nous l'avons déjà fait observer, devant être établie sur la crête du parapet de l'ouvrage opposé, sous le feu de quarante-huit pieces de canons couvertes, & cent quatre-vingt-douze fusiliers, tirant avec des fusils de rempart, dont on connoît les effets, il est visible qu'elle ne pourra être construite dans une pareille position. Le travail d'une nuit ne fût-il retardé par aucun des feux de la place, seroit insuffisant pour son entier établissement; & que sera-ce que ce travail sous tant de feux faciles à diriger par des moyens simples, de maniere à les rendre très-meurtriers, malgré l'obscurité? mais le peu qui pourroit s'exécuter, dans un tems aussi court, ne seroit-il pas détruit entiérement dès les premieres heures du jour? L'effet de deux batteries pareilles, l'une tirant de haut en bas, & l'autre de bas en haut, seroit de hacher tous les fauciffons, d'enlever tous les piquets, de disperfer toutes les terres; alors ce feroit donc à recommencer la nuit suivante, pour effuyer à la pointe du jour, les mêmes pertis , & éprouver les mêmes deſtruƈtions? d'où il ſuit que cette formidable piece ne pourra être entamée d'aucune maniere , & qu'elle aura toute ſa puiſſance à exercer contre le paſſage du foſſé , qui doit être regardé, de ce moment, comme impoſſible , en ſe fondant ſur ce que la raiſon peut admettre de plus vraiſemblable.

Tels ſont les détails particuliers dans leſquels nous avons cru devoir entrer ſur ces objets; & les explications qu'ils contiennent étant applicables à toutes les parties ſemblables de nos conſtruc- tions, nous ſerons diſpenſés, dans la ſuite, de traiter la même matiere.

Quoique l'affut, dont nous faiſons uſage dans toutes nos batteries , differe peu des affuts marins, & que tout le monde pût facilement en conſtruire un à-peu-près ſemblable; cependant, je ne me diſpenſerai point de le faire connoître plus en détail. La Planche 14, *fig.* 1 & 2 , contient un plan & une élévation de cet affut, pour une piece de calibre de vingt-quatre. La *fig.* 1 , eſt le plan de l'affut, à vue d'oiſeau, qui fait connoître la forme de la double roue *R*, dans laquelle la piece de bois, *P*, coupée en arrête , eſt reçue. L'affut

porte

Planche 14. *Fig.* 1 & 2.

porte ainſi ſur trois roues , & toutes les trois
portent ſur le chaſſis *A, B, C, D*, auquel la piece
de bois *P*, eſt aſſemblée fixément, de maniere que
lorſque le canon vient à tirer, il recule nécef-
ſairement , en ſe dirigeant ſuivant les couliſſes
du chaſſis, & ſuivant la piece de bois *P* ; & comme
ce chaſſis eſt plus élevé derriere que devant, cette
contre-pente , après avoir ralenti & diminué
l'effet du recul , ſe termine à l'extrémité du chaf-
ſis , lorſque les deux roues de devant y ſont par-
venues ; c'eſt dans cet inſtant que le cliquet , ou
verroux qu'on voit fixé ſur la traverſe du chaſſis ,
en *N*, après avoir été abaiſſé par la piece de bois
O , ſe releve pour entrer dans un cran pratiqué
ſur cette même piece de bois, & empêcher le
canon de redeſcendre au bas du chaſſis. Lorſque la
piece eſt chargée, on baiſſe le cliquet, & elle va
par ſa pente naturelle ſe mettre en batterie. Alors
on la pointe en direction verticale, de la maniere
ordinaire : mais pour la pointer en horifontale,
on n'a qu'à faire mouvoir le chaſſis , qui peut
tourner ſur le boulon *F*, & dont le mouvement
eſt rendu très-facile par trois roulettes, *G, H, K,*
qui paroiſſent, *fig.* 1 & *fig.* 2 ; & par le moyen du

Tome I.   Y

levier *P*, & de ces roulettes, une piece de vingt-
quatre eſt remuée avec la plus grande facilité.
C'eſt ainſi , que par cette conſtruction , deux
hommes ſuffiſent à chaque piece pour la ſervir.
Mais comme la chûte de la piece, par ſon propre
poids, (ſi elle étoit trop rapide) pourroit occa-
ſionner un contre-coup, capable de faire faire un
mouvement au boulet , dans l'ame de la piece,
qui le ſépareroit de la poudre; l'on voit, *fig.* 3 ,
qu'on a oppoſé à la premiere vîteſſe acquiſe, un
plan incliné, tel qu'il convient qu'il ſoit, pour
ralentir le mouvement , de maniere qu'il n'en
reſte que ce qui eſt néceſſaire, pour que la piece
puiſſe le franchir, & ſe mettre en batterie, ſans
aucun choc.

Ce plan incliné, ſe voit auſſi ponctué, *fig.* 2 ;
& comme les mêmes lettres indiquent dans cette
fig. les mêmes pieces dont il a été fait mention,
fig. 1 , cette ſeconde *fig.* ſans autre explication ,
ne pourra que rendre la premiere plus intelli-
gible.

La connoiſſance particuliere que nous venons
de prendre par tous ces détails, de la piece que
nous avons appellée caponniere caſematée , va

rendre, on ne peut pas plus facile, l'intelligence
des Planches 10 & 11, dont nous avons fufpendu Planc.
l'explication par cette raifon. Les flancs cafe- 10 & 11.
matés, que nous allons voir dans ces deffins,
n'étant autre chofe que des demi-caponnieres cafematées, avec feulement quelques changemens
dans leurs proportions, relatifs à des remparts
moins élevés, & des foffés moins larges, dont le
but eft toujours l'économie. Ainfi, en remettant
ces deux Planches fous nos yeux, nous ne dirons
qu'un mot de celle du plan, fon intelligence
dépendant abfolument de celle des profils.

Les deux faillants, marqués à leur fommet,
a & *b*, repréfentés, Planche 10, donnent une Planche
connoiffance détaillée de toutes les parties qui 10.
les compofent, en plan à vue d'oifeau, & en
fondation; l'on y voit d'abord un glacis, formé
feulement pour couvrir les enceintes intérieures,
avec l'efpece de chemin couvert qui le fépare du
premier foffé; on y voit, dans le rentrant, une
des places d'armes, à vue d'oifeau, avec fon réduit
de maçonnerie, & partie de cette même piece en
fondation, où les fouterrains des aîlerons, ainfi
que du réduit, font exprimés; enfuite on voit le

Y 2

foffé du couvre-face général, fon parapet, fon
rempart, fes traverfes, & fes communications.
Par delà le grand foffé, on voit que l'angle faillant, marqué *a*, eft compofé d'abord d'un mur
cafematé, exprimé à vue d'oifeau d'un côté, &
en fondation, marquée 1, 2 & 3, de l'autre;
enfuite d'un couvre-face particulier en terre, d'un
foffé intérieur plein d'eau, d'un mur fimple, qui
le fépare du foffé fec; l'un & l'autre foffé défendu
par la cafemate, placée dans l'angle rentrant du
grand rempart de la place en terre; des traverfes
qui défendent ce rempart; enfin un mur crénelé,
& une tour angulaire qui en retranche la gorge.
L'angle, marqué *b*, eft compofé de même, à
l'exception du mur cafematé, bordant le grand
foffé, qui ne fe trouve qu'une galerie couverte
en terre, dont l'économie peut être le feul objet,
la défenfe en étant bien moins avantageufe que
celle du mur cafematé. Toutes ces pieces, ainfi
que les grands flancs cafematés, défendant le
grand foffé, y font repréfentés à vue d'oifeau & en
fondation; ce qui donne une idée des différentes
parties de cette Fortification, fuffifante pour
fuivre avec facilité, & concevoir tous les détails

que préſentent les profils de la Planche 11, dont
nous allons nous occuper.

Premier profil, fig. 1, Planche 11, *ſur la ligne A B*
du plan, Planche 10.

On y voit d'abord, une des petites tours angu- ＰＬＡＮＣＨＥ
laires de cinq toiſes quatre pieds de diamètre ,   11.
placée ſur la capitale de chaque ſaillant, pour *Fig. 1.*
ſervir de retranchement intérieur à chacun de ces
angles , & de magaſin à poudre, pour tous ceux
contre leſquels les attaques ne ſe trouveront pas
dirigées ; & quant à ce dernier objet à remplir par
ces mêmes tours, on ſe propoſe d'en parler plus
en détail. Enſuite on voit la coupe du rempart de
la place, la coupe & élévation en perſpective, de
la caſemate à double batterie de fuſiliers, placée
à l'angle rentrant du premier foſſé ſec ; on voit le
mur bordant le premier foſſé plein d'eau, qu'on
a fait ici ſimple par objet d'économie, & qui peut
être caſematé comme celui du grand foſſé ; enſuite la coupe du couvre-face, deſtiné ſeulement
à placer des fuſiliers, n'ayant pas voulu lui donner
plus de largeur, pour ôter à l'ennemi la poſſibilité
d'y placer du canon. Après le couvre-face , paroît

le fecond foffé fec ; la perfpective de l'extrémité du flanc cafematé défendant le foffé fec ; la coupe du mur cafematé, qui enveloppe chaque angle faillant & borde le grand foffé. L'on voit de même la coupe du grand foffé, & dans la perfpective l'élévation du grand flanc cafematé, dont nous aurons à reparler à l'occafion de fon profil exprimé, *fig.* 2, enfuite la coupe du rempart d'enceinte ou couvre-face général ; la coupe du flanc cafematé & l'élévation oppofée de ce même flanc, qui défend l'avant-foffé ; fon foffé fec ; la coupe du mur qui le fépare du foffé plein d'eau ; la coupe du foffé, & enfin la coupe du chemin couvert & du commencement du glacis. On a de même exprimé, dans ces lignes de profils, les élévations en perfpectives régulierement obfervées, des portes d'entrée, avec les bâtimens qui en dépendent.

En fuivant la ligne de ce premier profil, on a dû voir que les différens foffés qui féparent ces pieces, & fur-tout le grand foffé, font défendus par des feux fi multipliés, fi fûrs, fi impoffibles à éteindre, que leur paffage fera de la plus grande difficulté, s'il n'eft même pas impoffible. Rien n'eft plus formidable que les feux des flancs cafematés qui s'oppofent au paffage du grand foffé, ainfi qu'à l'établiffement des batteries; on eft en état d'en juger par les détails que nous avons donné, Planches 12 & 13, de la grande caponniere cafematée. Ces flancs-ci, quoique moins élevés, n'ont qu'une galerie de fufiliers de moins. Ce font deux batteries de canons & deux de fufiliers couvertes, que l'affiégé eft le maître de diriger fur le point qu'il veut, & auxquelles rien n'eft capable de réfifter. Nous aurons cependant par la fuite, d'autres conftructions à donner de ces mêmes flancs, qui fourniffent encore plus de moyens de défenfe, en même-tems qu'elles réuniffent plus de degrés de fûreté.

Seconde ligne de profils, Planche 11, fig. 2.

Cette figure exprime la coupe d'un flanc cafematé fur la ligne *C D*, du plan, Planche 10; & dans la perfpective, le flanc oppofé paroît en élévation. L'on y voit les crénaux de canons & de fufils répondant à la coupe, dont les dimenfions n'ont pû être fixément déterminées, à caufe de la petiteffe de l'échelle. L'on apperçoit, dans cette coupe, les deux ventoufes *V*, *W*, de deux pieds fur trois, ou de fix pieds en quarré, qui fe trouvent dans la ligne coupée. Il s'en trouve deux autres à quelque diftance de celles-ci, de façon que chaque ceintre de voûte en a quatre pareilles, faifant vingt-quatre pieds quarrés d'ouverture pour la même partie de voûte. On les peut voir fur le plan. On fent bien qu'il feroit poffible d'en mettre davantage, fi l'on vouloit, & tel nombre qu'on voudroit; mais en même-tems, on ne peut douter qu'il n'y en ait trop, des quatre marquées fur le plan, & l'élévation de ces fouterrains ne peut jamais permettre qu'on y reçoive la moindre incommodité de la fumée. Cette même coupe montre l'intérieur de deux galeries de fufiliers, dont on voit les crénaux, & dans la coupe & dans l'élévation du flanc oppofé; mais pour juger de la folidité de ces flancs, il faut confidérer fur le plan en fondation, Planche 10, les piliers qui y font exprimés; & favoir que les voûtes portent fur ces piliers: leur berceau fe préfentant en face, elles n'ont aucune pouffée fur le mur de parement, dont elles font partie; de façon que ce

mur

mur feroit détruit [1], que le rempart fupérieur fe foutiendroit, & ne pourroit être renverfé qu'à mefure qu'on abattroit la voûte dans fa longueur, ce qui feroit impoffible à faire avec les cinq à fix pieces de canons, qui peuvent battre ce flanc; mais ces pieces d'ailleurs, que pourront - elles faire contre une batterie pareille de trente-quatre canons, & foixante-douze crénaux de fufiliers, qui tireront à couvert, & dont tous les coups porteront? Il ne fera jamais poffible de les mettre feulement en batterie.

A la fuite de ce flanc, dans le même deffin, *fig.* 2, on voit, en élévation, le mur d'enceinte cafematé, dont la coupe eft exprimée, *fig.* 1; il eft réduit ici à de très-petites dimenfions, pour donner un exemple d'un mur d'une bonne défenfe quoique peu coûteux. On y voit fes embrâfures de canons, fes crénaux de fufiliers, par le moyen defquels il pourra fortir continuellement de ce mur, un feu capable de détruire, en peu de tems, le logement de l'ennemi fur la crête du

------

[1] On aura occafion, dans un autre deffin, qui fe trouve dans ceux de la deuxieme Partie, de faire voir encore comment la conftruction de ce mur en augmente la folidité.

Tome I.   Z

glacis, en admettant qu'il ait pû le faire, fous un pareil feu. On voit fur le plan des fondations du faillant *a*, Planche 10, que les voûtes de ce mur 1, 2, 3, étant difpofées du même fens que celles des flancs, font capables de la même réfiftance. Il faut les rafer entierement pour faire breche au mur. Il n'y a aucune pouffée de terre derriere qui en puiffe faciliter l'éboulement; il eft au contraire ifolé, & par le moyen du foffé fec, on a la facilité d'en déblayer les décombres, s'il pouvoit être entamé; de façon que ce mur, fût-il ouvert, l'ennemi ne pourroit être couvert d'aucune maniere, & il feroit impoffible qu'il pût entreprendre de s'établir, dans la partie abattue de ce mur. Il y feroit expofé, par fes flancs, à un feu très-meurtrier, partant des deux parties fubfiftantes du mur qui feroit crénelé. On peut donc avancer qu'il n'eft point d'obftacle plus infurmontable à oppofer à l'ennemi, qu'un pareil mur. Au - deffus de ce mur, paroît d'abord, & le plus éloigné, le parapet du rempart de la place, à même hauteur que le parapet du flanc. Au-deffous l'on voit la partie du flanc cafematé de l'angle rentrant de ce rempart; enfuite l'élévation du

couvre-face, qui paroît en entier après la brifure
du mur cafematé; & par la brifure du couvre-face,
on apperçoit l'élévation du petit mur au bas du
rempart de la place; enfin l'élévation entiere du
grand rempart.

Troifieme profil fur la ligne du plan E F,
Planche 11, *fig.* 3.

Le profil fur cette ligne, coupe les bâtimens
& la porte d'entrée de la forterefſe, placés fur la
capitale du rentrant; de cette façon, elle n'em-
barrafſe aucun ouvrage; immédiatement après la
porte, on apperçoit le retour du flanc cafematé
qui regarde cette porte. On y voit fes crénaux, fa
porte de communication au raiz-de-chaufſée;
on apperçoit aufſi une petite partie du rempart
de la place, retirée en arriere du flanc, fous lequel
eſt la galerie crénelée, exprimée en fondation fur
le plan, donnant fur le fofſé fec, qui fépare les
deux flancs; de maniere qu'il ne fe trouve point
d'angle mort dans ce rentrant, & que rien n'eſt
mieux couvert, ni mieux défendu que cette porte.
Delà l'on voit, en fuyant, la face extérieure du
grand flanc cafematé; enfuite le couvre-face & le

petit mur avancé qui le couvre. La ligne de profil traverfant le grand foffé, coupe le pont dans fa longueur, ainfi que la communication couverte deffous le pont, dont il fera parlé plus en détail, & va de même jufqu'à la rencontre de l'entrée de l'arcade, ou paffage voûté, qui conduit à la porte du fecond rempart d'enceinte, appellé couvre-face général. Cette arcade eft vue intérieurement, ainfi que le bâtiment de cette feconde porte, après laquelle on apperçoit, en fuyant, le flanc cafematé de cet angle rentrant, dont on a vu la coupe, *fig.* 1 ; on y voit encore, ainfi qu'au grand flanc ci-deffus, la même retraite du rempart pour former le foffé fec, entre les deux flancs, ôter l'angle mort, & défendre cette porte, de la maniere qu'il paroît au plan en fondation & à vue d'oifeau, Planche 10. Delà, la ligne de profil fe prolongeant, après avoir coupé le pont, fur fa longueur, ainfi que la communication couverte pratiquée fous ce pont, traverfe le réduit en maçonnerie, qu'elle coupe dans fon angle flanqué, faifant voir, par l'élévation des faces de ce réduit, les arcades pratiquées derriere ces mêmes faces, pour les renforcer, & y mettre le foldat à couvert.

Enfuite elle coupe également, fur la capitale, la place d'armes à aîlerons cafematés, placée dans le rentrant : fait voir la hauteur de fon parapet, la profondeur de fon foffé, ainfi que la hauteur de la crête du glacis où elle fe termine.

Ces places d'armes pourroient être fans réduit, & telles qu'on les fait communément dans les rentrants des chemins couverts ; mais elles feront infiniment plus fortes de cette maniere, fans que ce foit un objet de dépenfe. Les arcades du réduit & les aîlerons cafematés formeront des magafins très-utiles dans les dehors, & difpenferont d'y conftruire des corps-de-gardes, toujours détruits dès les premiers jours d'un fiége, & dont les décombres embarraffent les ouvrages. L'on voit le plan en fondation, de ces aîlerons, Planche 10, & la coupe fur la ligne *I K*, Planche 11, *fig.* 4.

Le chemin couvert n'eft point paliffadé, ni même coupé par des traverfes, parce que le rempart d'enceinte, ou couvre-face général qu'on a pratiqué en avant du grand foffé, en tient lieu d'une maniere bien plus avantageufe, fans nulle comparaifon, & qu'on ne penfe pas que les paliffades d'un chemin couvert en retardent la prife.

S'il eſt attaqué de vive force, c'eſt le feu ſupérieur de l'aſſiégeant qui en chaſſe l'aſſiégé, ſans que les paliſſades le garantiſſent de rien. Si le logement s'y fait par une continuation de la ſape, les paliſſades ne s'y oppoſent pas davantage. Elles ſont d'une dépenſe & d'un entretien conſidérables, & ſont très-nuiſibles aux ſorties, puiſqu'on ne peut les exécuter, qu'en défilant par des barrieres, ce qui découvre la ſortie, & la rend ſouvent inutile. On ne peut de même y rentrer que par les mêmes barrieres, & c'eſt là où ſe fait la plus grande boucherie, non-ſeulement de la part de l'aſſiégeant, toujours très-ſupérieur dans ce moment ; mais ce qu'il y a d'affreux, c'eſt que le feu des ouvrages de la place, qu'on eſt obligé de faire, pour en impoſer à l'ennemi, porte ſur les uns comme ſur les autres, & double la perte.

Les chemins couverts doivent donc être ſans paliſſades, dans nos principes, & ne doivent être deſtinés qu'à s'y mettre en bataille, à couvert, pour exécuter les ſorties à la fois, tomber ſubitement ſur l'ennemi, & pouvoir y rentrer de même à la fois, afin de laiſſer agir le feu préparé des ouvrages de la place ; on y pourra placer ce que nous appellerons des doubles traverfes faites en gabions, faciles à enlever lorfqu'on voudra les abandonner, difpofées de maniere à favorifer la rentrée des détachemens qui auront exécuté les forties. Nous en donnons des deffins détaillés, dans la feconde Partie. Ces traverfes couvriront en même-tems des coups du ricochet, les poftes placés le long de ce glacis, deftinés à inquiéter les têtes des fapes, par des feux plus rapprochés, tant que ces fappes feront encore à une certaine diftance ; mais de plus, ces crêtes de glacis, élevés au-deffus du niveau de la campagne, autant que le remblai des terres des foffés en fourniront, font très-néceffaires pour couvrir d'autant plus, les avant - remparts & les remparts de la place.

Quatrieme profil fur la ligne G H,
Planche 11, *fig.* 5.

Ce profil paffe par la même ligne que le pré-cédent, *fig.* 3, c'eft-à-dire, paffe également par la capitale des angles rentrants, mais autres que ceux deftinés aux grandes portes d'entrée des fortereffes. Cette ligne de profil fe trouvant con-fondue avec celle *E F,* fur le plan, Planche 10, parce que la grandeur bornée de la Planche n'a pas permis d'y placer un troisieme angle rentrant. On peut y suppléer par une supposition facile à faire. Au reste, on trouve cette ligne exprimée sur le plan général, Planche 18 ; mais ce profil sur la ligne *G H, fig.* 5, n'a pû non-plus être exprimé sur cette Planche des profils dans toute son étendue, faute de place ; on en a supprimé la largeur des deux fossés, en les interrompant par des brisures ; ce qui le présente en apparence ici, en trois parties, qui ne font cependant que le même profil. On y voit d'abord en *G*, l'entrée du souterrain, & la coupe de ce souterrain, sous le rempart, qui est bien moins élevé que celui de la grande entrée, & conduit par une pente douce, au fossé sec, qui est entre les deux grands flancs casematés, faisant voir, sous cette voûte, la porte 1, allant aux flancs casematés exprimés sur le plan. On trouve, après le fossé sec, un pont-levis à bascule sur le grand fossé marqué 2 ; ensuite ce profil reprend en 3, au commencement du rempart, couvre-face général, pour faire voir la hauteur de la voûte, passant sous ce rempart, & montrer en 4, l'intérieur de

la

la voûte communiquant aux flancs casematés de droite & de gauche, & sortant sur le fossé sec, pour aller au pont-levis marqué 5, coupant, dans sa longueur, le pont & sa communication couverte: après quoi le profil est interrompu, reprenant à l'autre extrémité de cette même communication dans l'endroit 6, pour aboutir en *H*, sur le terre-plein du réduit de la lunette, comme on l'a vu, *fig.* 3.

La *fig.* 6, même Planche, est prise sur la ligne *N O*, du plan, Planche 10, & sert à faire voir les dimensions de la galerie de communication du grand flanc casematé au petit flanc du rentrant du rempart de la place, pour la défense des fossés intérieurs. Cette coupe sert aussi à faire voir la façade intérieure du mur d'enceinte casematé & les hauteurs respectives du couvre-face & des grands remparts. On observera seulement que dans les parties où le mur casematé doit recevoir de l'artillerie pour s'opposer aux batteries en breche de l'assiégeant, le mur intérieur est ouvert derriere chaque piece de canon, pour en faciliter le service.

La *fig.* 7, même Planche, exprime sur l'échelle des profils, le plan de la porte d'entrée avec une

Tome I.   A a

partie de la communication couverte qui traverfe le grand foffé, fous le pont, dont on a fait mention, *fig.* 3. La moitié de ce plan eft coupée au niveau de la fondation, & l'autre moitié eft coupée au niveau du raiz-de-chauffée des flancs cafematés & de la porte. La *fig.* 8, repréfente la coupe de cette communication fur la ligne *a b*, du plan, *fig.* 7, & fur la même ligne, Planche 10, avec l'élévation perfpective des flancs cafematés & de la porte. On y voit la maniere dont les deux murs ou épaulemens marqués *c* & *d*, & marqués de même, Planche 10, forment la communication appellée *couverte*, quoiqu'à ciel ouvert, parce qu'on y eft garanti de tous les feux. Ces deux murs doivent être conftruits de maniere à être impénétrables à l'eau; ils font terminés en talut, pour former parapet à fleur d'eau, de droite & de gauche. Cette communication peut être à fec, ou inondée, par le moyen d'une porte d'éclufe, que l'on voit marquée 3, au profil *E F*, *fig.* 3, & marquée de même, *fig* 7 & 8. Cette éclufe répondant à deux conduits 1 & 2, *fig.* 7 & 8, qui ont chacun deux autres vannes marquées 4 & 5, *fig.* 7, pour

s'oppofer d'autant mieux au filtrement des eaux ;
l'on fent qu'en ouvrant cette éclufe 3, & celle
placée à l'entrée des deux conduits, on inonde
la communication, & elle eft deftinée à l'être toujours, hors les cas de fiége, & jufqu'au moment
où les feux du logement de l'ennemi rendroient
le paffage du pont trop dangereux, ou qu'il auroit
été rompu ; car alors épuifant les eaux contenues
entre ces deux murs, en tenant les portes des
éclufes fermées, on communiqueroit aux ouvrages extérieurs, avec la plus grande facilité &
fûreté, jufqu'au moment où l'on jugeroit à propos de les évacuer. Alors ouvrant les portes des
mêmes éclufes, cette communication, remplie
d'eau, deviendroit impraticable, comme le refte
du foffé. L'on a exprimé ces mêmes communications, Planche 10, par deux murs qui paroif-
fent à vue d'oifeau, à droite & à gauche du pont,
l'une traverfant le grand foffé, pour aboutir
à l'enceinte couvre-face général, l'autre pour
aboutir à la place d'armes de l'angle rentrant ; de
façon que l'ennemi ne peut point empêcher la
garnifon, dans aucun tems, de communiquer,
fans aucun rifque, à tous fes ouvrages : avantage

qui n'exifte dans aucune place de guerre à foffés pleins d'eau. La grande utilité de ce nouveau moyen eft trop évidente pour n'être pas fentie, & pour qu'il foit néceffaire de s'y arrêter davantage.

Après avoir donné quelqu'attention à ces plans, profils & élévations, & aux détails dans lefquels nous fommes entrés fur chacun, on aura une connoiffance affez étendue de cette méthode, & l'on fera déjà en état d'en fentir une partie des avantages.

La force de ce fyftême, & l'on peut dire la très-grande force, confifte dans les flancs cafematés, placés dans les angles rentrants & inacceffibles à tous les feux de l'affiégeant, qui ne peut les appercevoir qu'au moment où il en eft écrafé à bout touchant.

La force de ce fyftême confifte dans ce mur d'enceinte cafematé, détaché des terres du rempart, dont l'affiégé ne peut jamais être chaffé, tant que le mur ne fera pas détruit en entier; & comment le détruire?

La force de ce fyftême confifte en ce que toutes les parties de la défenfe intérieure fe communiquent, avec fûreté & promptitude, ainfi que celle de l'extérieur; d'où réfulte la facilité de foutenir chaque piece, & de pouvoir s'y porter en force, même fupérieure, à celle que l'ennemi peut y oppofer.

La force enfin de ce fyftême confifte en ce que l'enceinte principale, l'enceinte en dedans du grand foffé fe fuffit à elle-même. Ses reffources font en elle. Un rempart extérieur, en dehors du grand foffé, la couvre. Ce rempart extérieur, quelque fimple qu'il foit, pouvant être foutenu de toutes les forces de la garnifon, fera capable de plus de réfiftance que les remparts baftionnés même, puifqu'on ne rifque rien à combattre fur la breche de l'un, tandis que l'autre eft à peine ouvert, qu'il faut capituler, ou s'expofer à être emporté d'affaut. Mais enfin, obligé de céder à l'ennemi le premier rempart, il ne tient encore rien, on peut le dire, rien du tout. C'eft alors feulement, qu'un nouveau fiége commence, & que l'affiégé peut déployer tous fes moyens: moyens tout neufs : moyens fupérieurs, dix fois, à tous ceux que peut employer l'affiégeant. Ces terribles flancs vont réunir tous leurs feux, pour renverfer les batteries en breche. Les feux du mur d'enceinte

détruiront tous les logemens, à mesure qu'ils
tenteront de les former ¹. Avec quoi faire breche,
& dans un mur aussi solide, aussi bien soutenu?
Comment opérer le passage de ce grand fossé,
qui s'acheve si promptement dans nos places?
Seroit-ce trop avancer, que de prétendre que ce
grand fossé seroit le *nec plus ultrà*? Cependant tous
les obstacles intérieurs font encore entiers. Quand
le grand fossé pourroit être franchi, la garnison
feroit dans le fort de sa défense. Ce feroit alors
qu'elle commenceroit à combattre son ennemi,
avec tout l'afcendant & les avantages dont la
difposition du local est susceptible ; tandis qu'en
continuant le feu terrible des flancs casematés sur
sa communication, au travers du grand fossé, elle
ne pourroit manquer d'être coupée entierement.
Alors tout ce qui se trouveroit en dedans du
grand fossé, seroit passé au fil de l'épée. Mais un
plus long détail sur toutes les ressources de cette
composition, seroit fort inutile. Il n'y a point
d'homme de guerre, pensant, qui ne les sente.
Nous allons voir maintenant l'usage que l'on peut
faire de cette méthode, & comment elle est
applicable à tous les cas.

¹ *Voyez* PLANCHE 5. & PLANCHE 6. *Fig.* 1, où ces feux font exprimés.

CHAPITRE SIXIEME.

Théorie des Saillants.

RIEN n'eft plus fimple que cette maniere de fortifier une ligne donnée, confidérée en elle-même. Sur cette ligne, prife pour le côté d'un polygône quelconque, former un, ou plufieurs angles droits, fuivant le plus ou le moins d'étendue de la ligne; c'eft-là tout le fyftême dans fa généralité.

Qu'une ligne droite fuppofée ici feulement de cent quatre-vingt toifes de longueur de *A* en *B*, Planche 15, *fig.* 1, foit donnée à fortifier, je la divife en deux parties égales; je place une des pointes d'un compas fur le milieu de cette ligne en *C*; l'autre fur fon extrémité *A*; & je décris la demi-circonférence *A D B*, dans laquelle je tire les deux côtés d'un quarré, comme *A D*, & *D B*, ou d'un rectangle *A E*, & *E B*, dont la ligne *A B* eft la diagonale, fuivant qu'il eft néceffaire d'avoir deux côtés, ou lignes de défenfe, égales ou inégales. De cette maniere, l'angle rentrant eft

PLANCHE
15.
Fig. 1.

toujours droit ; ce qui eſt une loi invariable de ce
ſyſtême. La diagonale, ou l'hypoténuſe, eſt donc
toujours un des côtés du polygône à former, &
les deux lignes qu'elle ſoutient, deviennent les
côtés des deux angles ſaillants collatéraux, appellés *lignes de défenſe.*

Ainſi, le rapport de la ligne *A B*, diagonale a un
des côtés *A D*, ou *D B*, eſt celui du ſinus total au
ſinus de quarante - cinq degrés, ou comme mille
eſt à ſept cent ſept, ou en négligeant les derniers
chiffres, comme dix eſt à ſept, & ce rapport ſert
à fixer l'étendue dont la diagonale peut être : car
nous avons vu que les côtés ou lignes de défenſe,
ne doivent pas avoir plus de cent cinquante toiſes
de longueur, d'où il ſuit que la plus grande
étendue de la diagonale ne peut être que de deux
cent dix-huit toiſes ou environ. Lorſque la ligne
a plus de longueur, on la diviſe en deux, trois,
quatre parties, & l'on éleve ſur chacune un triangle rectangle, comme on le voit, *fig.* 1, où la
ligne *A G*, ſuppoſée de cinq cent quarante toiſes,
a été diviſée en trois parties, de cent quatre-vingt
toiſes chacune, ſur leſquelles on a formé les trois
angles *A D B*, *B D F*, *F D G*, alors les angles
ſaillants

faillants font droits, ainfi que les rentrants, &
c'eft le cas des longs côtés qui fe trouvent dans
les figures à fortifier ; mais ces figures, pour fe
fermer, font des angles. Si ces angles étoient
tous de cent cinquante degrés, comme on a fuppofé l'angle *A B F, fig. 2*, la conftruction feroit
la même que la précédente, & l'angle *D B D*,
feroit de foixante degrés, ce qui eft le moins qu'il
doive avoir, n'ayant pas jugé convenable d'admettre aucun angle plus aigu.

De ces deux loix conftantes, que l'angle rentrant foit toujours droit, & que le faillant n'ait
jamais moins de foixante degrés, il réfulte que
les polygônes fortifiés, fuivant cette méthode,
feront tout au moins des dodécagônes, dont les
cordes ou côtés, feront proportionnés à leurs
rayons.

Mais, dès que les lignes de défenfe peuvent
avoir jufqu'à cent cinquante toifes, & les hypoténufes environ deux cent dix - huit toifes ; ces
hypoténufes n'étant autre chofe dans les figures
circulaires, que les côtés du polygône, ou du
dodécagône à former, il fuit que le rayon de ce
polygône régulier, infcrit dans le cercle, peut

Tome I.   B b

être de quatre cent vingt-une toifes & demie, le rapport du côté du dodécagône à fon rayon étant comme quinze eft à vingt-neuf, environ, & ce rayon eft à-peu-près celui d'un polygône à baf-tions de quinze côtés, par conféquent de quinze baftions ; car dans la méthode des baftions, ce font les rayons qui déterminent le nombre des côtés ; leur étendue, dans la bonne fortification, étant de cent quatre-vingt toifes chacun, fi la circonférence contient quatre cordes de cent quatre-vingt toifes, on conftruit quatre fronts, qu'on appelle un quarré, ou cinq fronts pour le rayon du pentagône, & fix fronts pour l'exa-gône, &c.

Mais il faut remarquer que dans cette méthode baftionnée, la corde ou le côté du polygône qu'on appelle *front de fortification*, eft toujours divifé en deux, par un rayon, ou ligne capitale tirée du centre, pour devenir la capitale de la demi-lune, & fixer fon angle flanqué ; d'où il fuit que cette même corde comprend réellement deux côtés du polygône, fous la dénomination d'un front de fortification ; car dès qu'un front, dans le fyftême des baftions, eft compofé de deux angles au centre, il repréfente deux côtés d'un polygône quelconque, dont un des rayons, celui paffant par les capitales de la demi-lune, eft plus long, dans l'ufage reçu, que le rayon de la capitale du baftion; ce feroit ne pas voir les chofes comme elles font, que de ne confidérer dans cette conftruction, que les angles flanqués des baftions, & ne compter pour rien ceux des demilunes. L'on n'a même que trop à regretter, comme on l'a vu, qu'on ne puiffe pas la défendre mieux. Ainfi, le polygône à quatre baftions eft véritablement un octogône compofé de huit faillants, & c'eft le moindre des polygônes à baftions. Celui à cinq baftions eft un décagône, & l'exagône à fix baftions, un véritabledo décagône, &c. que chaque demi-lune foit liée à fes baftions collatéraux, ou que les baftions foient feulement liés entr'eux, & non avec les demi-lunes; cette conftruction intérieure eft toujours la même extérieurement. L'affiégeant a également à diriger fes approches fur les capitales des baftions & des demi-lunes. En attaquant un front il attaque trois angles faillants & deux côtés du polygône. Il eft donc démontré que ce qu'on appelle *un front*

B b 2

baftionné, comprend deux côtés du polygône, &
que pour rendre nos comparaifons exactes, nous
devons le confidérer ainfi.

De maniere que le polygône ayant quatre fronts
baftionnés de cent quatre-vingt toifes chacun,
appellé quarré fort improprement, doit être regardé comme un octogône de cent toifes de côté,
pris de l'angle flanqué du baftion, à l'angle flanqué de la demi-lune, plus ou moins, felon que
l'angle faillant de la demi-lune aura été porté
plus ou moins en avant fur la capitale; mais dans
notre méthode, ce ne fera plus un octogône de
cent toifes de côté, ce fera un dodécagône de
même rayon, dont le côté ne fera plus que de
foixante-fix toifes. Nous en ferons bientôt une
comparaifon plus exacte.

Ainfi tous les polygônes, depuis celui dont
le rayon ne permet que quatre baftions, jufqu'à
celui dont le rayon en demande douze inclufi-
vement, étant dans notre méthode, tous des
dodécagônes, ils auront plus de côtés que le
quarré & le pentagône à baftions, ils en auront
autant que l'exagône; deux de moins que l'eptagône; quatre de moins que l'octogône, & douze

de moins que le dodécagône. Enfin, pour les places au-deſſus, ils en auront un de moins par front d'augmentation, comme cela eſt ſenſible, puiſque chaque front baſtionné repréſente néceſſairement deux côtés de polygône.

Maintenant, conſidérons les deux méthodes dans le tracé de ce qu'on appelle le quarré baſtionné.

Du Quarré baſtionné.

L'on voit, Planche 17, le front d'un quarré de cent vingt-ſept toiſes & demie de rayon, qui eſt celui qui donne de *a* en *b*, cent quatre-vingt toiſes de corde pour ſon angle, au centre de quatre-vingt-dix degrés. Ce même quarré ſe trouve tracé en entier, Planche 15, *fig.* 9, ayant également une corde *a b*, de cent quatre-vingt toiſes, un rayon *a c*, de cent vingt-ſept toiſes & demie, & des lignes de défenſes *a m*, *o d*, *l n*, de quarante-ſix toiſes & demie, ainſi qu'on peut le vérifier par l'échelle. Le front baſtionné qui paroît ponctué, Planche 17, avec ſa demi-lune, s'y trouve diviſé en trois côtés ou cordes de ſoixante-ſix toiſes un pied chacun, répondant à trois angles au centre

de trente degrés; fur lefquelles cordes ont été
formés trois angles droits rentrants, pour avoir
les trois faillants, dont alors les côtés confidérés
ici comme lignes de défenfe, fe trouvent de
quarante-fix toifes & demie. C'eft à-peu-près la
longueur des faces des baftions du quarré, comme
on le voit par le tracé ponctué des baftions, dans
cette figure, où les faillants *a* & *b*, remplacent
les baftions du quarré. Rien ne fera plus régulier
que cette conftruction. Toutes les pieces fe tiennent, fe communiquent, fe prétent un mutuel
fecours; ce qui eft vifiblement impraticable des
baftions aux demi-lunes. De plus, toutes les défenfes font ici bien plus directes. Les retranchemens des faillants, quoique dans de bien plus
petites dimenfions, fe trouvent encore à-peu-
près, de la force du premier exemple que nous
en avons donné. Le paffage du foffé eft défendu
par des flancs cafematés capables d'un feu couvert très-meurtrier. Le feu du mur féparant le
foffé fec du grand foffé, quoique non cafematé
dans cet exemple, dans la feule vue d'économifer, eft très-dangereux pour le logement fur la
crête du glacis, & pour la batterie en breche à y

établir ; enfin ce même mur à détruire, le couvre-
face à franchir, le foffé de la piece de maçonnerie
à paffer, fous le feu, à bout touchant, des cafemates de l'angle rentrant, font une multiplicité
d'obftacles & de reffources pour une garnifon,
qu'il eft impoffible de fe procurer dans les conftructions baftionnées, où la breche étant faite à la face
du baftion, il n'y a plus qu'à figner la capitulation.

Il faut fuivre fur la même Planche toutes les
lignes de profil, pour avoir l'intelligence entiere
des différentes parties de cette Fortification. Les
lettres les indiquent. On n'en fait pas la defcription dans ce difcours, pour ne point l'allonger
inutilement ; mais on doit rappeller ici, à l'occafion de ces profils, ce qu'on a déjà fait obferver
fur les précédens, que les détails n'ont pû y être
exprimés exactement, à caufe de la petiteffe de
l'échelle ; & que des détails, tels qu'ils doivent être,
pour déterminer des conftructions, demandent des
plans particuliers, uniquement deftinés au développement de chaque partie ; nommément celle
des embrâfures & crénaux, eft fufceptible de différentes déterminations & variétés très-effentielles
à obferver, pour les rendre capables de tous les

effets qu'ils ont à opérer. Nous nous flattons qu'on trouvera cet objet rempli dans la seconde Partie, au-delà de ce qu'on a pu croire, que ces conftructions fuffent fufceptibles. On y trouvera des tracés d'embrâfures pour l'ufage du canon, fous toutes fortes d'angles, & des moyens de fermer ces embrâfures, avec autant de facilité que de fûreté. C'eft d'après cette propriété, tout à fait nouvelle, que nous les avons appellé *embrâfures à volets*. Nous en donnerons des développemens, au moyen defquels on connoîtra de quelle force une pareille conftruction doit être capable. On connoîtra en même-tems avec quelle facilité on remplaceroit des volets qui viendroient à être brifés, dans le cas où le hazard auroit dirigé par une auffi petite ouverture, une quantité de boulets fuffifante pour couper des poutres de quinze à feize pouces d'équarriffage, dont ces volets font conftruits. C'eft un avantage fi grand que d'être entiérement couvert dans une batterie, que nous avons mis toute notre application à en trouver les moyens, & nous comptons y avoir réuffi d'une maniere qui ne nous a paru fufceptible d'aucun inconvénient.

Au

Au reste, en examinant avec quelqu'attention, cette maniere de difpofer un dodécagône à la place d'un quarré, on reconnoîtra qu'elle procure, non-feulement l'avantage d'une plus grande force, mais encore celui de renfermer un efpace intérieur beaucoup plus grand, fans avoir plus de faillie extérieurement; car il eft vifible qu'il y a de plus ici, tout l'emplacement qui eft entre les courtines, & les deux faillants placés devant elles; & fi l'on vouloit y ajouter une enceinte environnante, ou couvre-face général: ouvrage purement en terre, & de peu de dépenfe, comme on l'a fuppofé dans cet exemple, il n'eft pas douteux qu'on ne rendît cette petite place fufceptible de la plus grande réfiftance.

Mais même fans cette enceinte extérieure, il eft évident qu'une telle difpofition d'ouvrages eft infiniment plus avantageufe que celle des remparts baftionnés, puifque cette derniere n'a qu'une feule enceinte en dedans du grand foffé, tandis que notre dodécagône en a quatre en dedans de ce même foffé, favoir; le mur qui fépare le foffé plein d'eau du foffé fec, le couvreface, le réduit & le grand rempart de la place;

Tome I.   C c

toutes pieces qu'il faut forcer l'une après l'autre, ou plutôt détruire fucceffivement, n'y ayant que ce moyen pour pouvoir affurer les attaques: cependant, par le toifé de la maçonnerie de ce dodécagône, on ne trouve que dix mille toifes cubes [1], tandis que le toifé du quarré baftionné de cent quatre-vingt toifes de côtés, avec des profils dans les bonnes dimenfions eft au moins de vingt mille toifes cubes. On compte d'une maniere générale, cinq mille toifes cubes de maçonnerie par front de fortification baftionné de cent quatre-vingt toifes de côté. Nous croyons donc qu'il eft impoffible de contefter que tous les avantages fe réuniffent pour cette nouvelle méthode.

Ce qui vient d'être dit à l'occafion du quarré baftionné eft également applicable à tous les autres

---

[1] Ce toifé, fait très-exactement, d'après les dimenfions exprimées par les plans & profils contenus fur la Planche 17, donne onze mille toifes cubes de maçonnerie pour tout le dodécagône; mais on peut le réduire à dix mille toifes cubes, fans diminuer, ni la défenfe, ni la folidité. Dans ce calcul n'a point été comprife la maçonnerie qui feroit occafionnée par le couvre-face général, parce que ce rempart extérieur ajouté dans cet exemple, n'ayant pas lieu dans le front baftionné, ne peut entrer dans la comparaifon des deux méthodes.

polygônes baftionnés, le nombre de leurs côtés
n'y fait plus rien. Le rayon du quarré baftionné
devenu celui de notre dodécagône, en a déterminé la corde ou le côté, & ce fera de même le
rayon du pentagône baftionné, de l'exagône, de
l'eptagône, &c. qui faifant toujours le rayon de
notre dodécagône, en déterminera les cordes ou
côtés, lefquels croîtront en proportion des rayons,
& donneront lieu à des faillants plus grands ; mais
l'on a vu, comme il eft aifé de le fentir, qu'il eft
un terme où le rayon d'un cercle ne pourroit plus
déterminer le côté de notre maniere de fortifier ;
& ce terme eft celui où la corde de l'angle au
centre de trente degrés que le rayon donneroit,
pafferoit deux cent vingt toifes, puifqu'alors cette
corde prife pour diagonale, auroit deux côtés, de
plus de cent cinquante toifes chacun, qui eft une
diftance plus grande que celle admife pour la
portée des armes à feu, de but en blanc. Alors,
au lieu d'augmenter l'étendue des cordes, on
augmenteroit le nombre des côtés ; on donneroit
treize côtés, quatorze, quinze, feize, &c. tant
qu'il en feroit néceffaire pour fermer la figure.
Quelques exemples rendront ceci fenfible.

Le rayon d'un cercle capable d'inscrire un dodécagône bastionné de cent quatre-vingt toises de corde, est de trois cent quarante-huit toises, & forme, ainsi que nous l'avons observé, un polygône de vingt-quatre côtés, dont les cordes soutenant des angles au centre de quinze degrés, font de cent toises environ, de l'angle flanqué du bastion, à l'angle flanqué de la demi-lune ; ce même rayon formant celui de notre dodécagône aura sa corde de cent quatre-vingt toises au lieu de cent, & les côtés de ses saillants de cent vingt-sept toises ; d'où l'on voit que notre dodécagône pourroit être d'un rayon plus grand ; nous avons déjà fait voir qu'il pourroit être de quatre cent vingt toises, puisqu'alors encore, sa corde n'étant que de deux cent dix-huit toises, les côtés des saillants ne passeroient pas cent cinquante toises, qui est l'étendue prescrite pour leur plus grande longueur.

Ainsi, dans le cas d'un rayon de quatre cent vingt à quatre cent trente toises, qui seroit celui d'un polygône de quinze fronts bastionnés, de cent quatre-vingt toises chacun, contenant quinze bastions & quinze demi-lunes, nous ne

formerions qu'un dodécagône, dont les cordes ne
feroient que de deux cent dix-huit toiſes.

Mais ſi le polygône n'étoit point inſcriptible
dans un cercle, qu'il contînt des lignes droites de
quatre, cinq, ſix fois cent quatre-vingt toiſes, plus
ou moins, que ce fût enfin un polygône parallelogramme rectangle ſuppoſé ici de mille trente-
deux toiſes, ſur ſix cent ſoixante-douze toiſes, tel
qu'on en voit une moitié en *Z A B W*, Planche 1 5, Planche
fig. 3, alors ce feroit une enceinte angulaire ¹⁵.
de vingt ſaillants, à former, en déterminant ce *Fig.* 3.
nombre d'après l'étendue des lignes à fortifier,
de maniere que chaque côté du polygône eût
environ cent quatre-vingt toiſes, & nous préſen-
terons, dans cette figure, la choſe faite, afin de
faire connoître la méthode qu'il faut ſuivre pour
la faire.

La premiere ligne de cette conſtruction eſt
une ligne tirée d'un des angles dans l'intérieur de
la figure, tel que l'angle *A*, qui le diviſe en deux
parties égales, lorſque l'angle eſt droit, comme
on voit la ligne *A C* ¹, *fig.* 3 & 4 ; cette ligne eſt
toujours le rayon d'un arc de cercle de conſtruction, qui fixe l'angle ſaillant répondant à l'angle

de la figure & ſes deux collatéraux ; car l'on doit
ſentir qu'en inſcrivant un quarré dans le cercle
contenant un de nos dodécagônes, comme on
l'a fait ici, *fig.* 4, chaque angle de ce quarré inſcrit eſt diviſé en deux parties égales, par une
ligne ou rayon du quart de cercle, comprenant
cet angle : on doit voir que chaque angle au centre
de quatre-vingt-dix degrés, de ce quart de cercle,
comprend trois angles ſaillants, ſavoir ; pour le
quart, n° 1, l'angle *A*, fixé à l'angle de la figure,
avec ſes deux collatéraux *O* & *T*, & eſt terminé
par ſes deux rayons *C X*, *C D*, de même que le
quart n° 2, comprend trois ſaillants *L*, *B*, *P*, &
eſt terminé par ſes deux rayons *C D* & *C V*, formant
entr'eux auſſi un angle de quatre-vingt-dix degrés ;
ainſi des deux autres quarts de cercle, n° 3 & 4.

D'où il ſuit que chaque angle du quarré inſcrit,
eſt régulierement fortifié, par le moyen du quart
de cercle, dont le centre eſt toujours ſur une
ligne, qui diviſe cet angle en deux parties égales ;
& comme ce quart de cercle appartient à un dodécagône, il en réſulte que les angles *O A C* &
T A C, formés par chacune des hypoténuſes &
le rayon *A C*, ſont des angles de ſoixante-quinze

degrés ; mais comme les lignes *AB* & *A a*, forment néceſſairement chacune un angle de quarante-cinq degrés, avec le rayon *A C*, il ſuit que les angles *O A B* & *T A a*, ſont toujours de trente degrés. Maintenant ſi l'on abaiſſe des points *O* & *L* des perpendiculaires *O o* & *L l*, ſur la ligne *A B*, & que l'on prenne l'hypoténuſe *A O* pour le ſinus total, la partie *A o* de la ligne *A B* ſera le ſinus d'un angle de ſoixante degrés ; & la partie *o D* égale à la moitié de l'hypoténuſe *O L*, ou *O A*, ſera moitié du ſinus total ; ainſi la ligne *A B*, côté du quarré inſcrit dans le dodécagône, eſt toujours égale à la corde formant un des côtés de ce poly-gône, pris pour ſinus total, plus à deux ſinus de ſoixante degrés ; c'eſt-à-dire, dans cet exemple, que *A B* eſt égal à *O L* ſinus total, plus *A o* plus *l B* ſinus de ſoixante degrés ; ce qui eſt évident, & le rapport de la ligne *A B* à la ligne *A O*, eſt comme deux ſinus ſoixante degrés, + ſinus total eſt au ſinus total, & par les Tables *A B*, *A O* :: 273, 205 : 100, 000.

Suppoſons maintenant, dans cette même fi-gure, les hypoténuſes *A O*, *O L*, *L B*, chacune de cent quatre-vingt toiſes, la ligne *A B*, qui eſt en même-tems, la corde de l'angle, au centre *A C B*, de quatre-vingt-dix degrés, fera égale à cent quatre-vingt toifes. Plus deux fois cent cinquante-fix toifes, valeur du finus de foixante degrés lorfque le finus total vaut cent quatre-vingt, total quatre cent quatre-vingt-onze toifes & demie, dont la moitié, deux cent quarante-cinq toifes trois quarts, pouvant être prife pour le finus de quarante-cinq degrés, donne le rayon *A C* du dodécagône égal à trois cent quarante-huit toifes, tel que nous avons déjà trouvé qu'il devoit être lorfque la corde étoit de cent quatre-vingt toifes.

Si les hypoténufes étoient de deux cent dix-huit toifes, telles que nous les avons ci-deffus déterminées, pour leurs plus grandes dimenfions, alors la ligne *A B* du quarré vaudroit cinq cent quatre-vingt-quinze toifes & demie, & le rayon du cercle dans lequel il feroit infcrit, feroit de quatre cent vingt-une toifes & demie.

Nous nous fommes attachés à faire connoître le rapport du côté du quarré infcrit dans le do-décagône, avec les côtés ou cordes de ce po-lygône, afin de pouvoir diftinguer les lignes droites qui peuvent y être infcrites, de celles qui
ne

ne pourroient l'être, fans donner lieu à des hypoténufes, ou côtés trop étendus. Nous favons
maintenant que dans le cas où la ligne *A B* auroit
plus de cinq cent quatre-vingt-feize toifes de
longueur, deux faillants, tels que *O & L* ne pourroient fuffire; & nous allons voir de quelle maniere on peut en augmenter le nombre.

On a dû remarquer dans la *fig.* 4, que chaque
quart de circonférence a fa conftruction terminée
par les deux rayons qui forment un angle au
centre, de quatre-vingt-dix degrés; que la conftruction d'un quart de circonférence, peut être
indépendante de celle d'un autre quart; de façon
que chacune pourroit avoir fon centre particulier;
qu'il pourroit y avoir quatre points *C*, chacun
placé fur la ligne qui divife en deux parties égales,
l'angle droit de la figure: il pourroit même, lorfque l'angle de la figure *A*, fera obtus, y en avoir
deux pour chaque angle, comme on le montrera
bientôt. De-là, l'on ne doit, dans cette conftruction, confidérer proprement, que le triangle
rectangle & ifocele *C A D*, faifant un huitieme
du dodécagône, dont le côté *A D*, eft toujours
égal à la moitié de l'hypoténufe, ou côté du

Tome I.   D d

dodécagône, & au finus de foixante degrés, dont ce côté feroit le finus-total. Il ne refte plus alors, qu'à déterminer l'étendue du côté, ou de l'hypoténufe, fuivant celle de la ligne *A B*, lorfqu'elle a plus de cinq cent quatre-vingt-quinze toifes, & elle doit l'être de maniere que cette hypoténufe ait cent foixante-dix à cent quatre-vingt ou cent quatre-vingt dix toifes, qui eft une grandeur convenable pour que les pieces qui compofent chaque angle faillant foient dans une bonne proportion. Nous avons vu que lorfque l'hypoténufe eft de cent quatre-vingt toifes, la ligne *A D*, ou le côté du triangle *A D C*, eft de deux cent quarante-cinq toifes trois quarts. Si le total de la ligne donnée *A B*, en avoit fix cent foixante-douze, on verroit qu'en ôtant deux fois deux cent quarante-cinq toifes trois quarts, ou quatre cent quatre-vingt-onze toifes & demie, pour la valeur des deux côtés des deux triangles qui ont cette étendue, lorfque les hypoténufes font de cent quatre-vingt toifes, il refteroit cent quatre-vingt toifes & demie, & qu'il y auroit un faillant à intercaler. Si la ligne *A B*, étoit de huit cent cinquante-deux toifes, on trouveroit qu'il y en auroit deux à intercaler.

Enfin, si cette ligne étoit de mille trente - deux toises, ainsi qu'on l'a supposé, *fig.* 3, il y auroit trois saillants à intercaler, ce qui donneroit lieu à la construction suivante.

Du point *A*, *fig.* 3, tirez la ligne indéfinie *A C* ³, faisant un angle de quarante-cinq degrés, avec la ligne donnée *A B*. Sur cette ligne, portez trois cent quarante - huit toises de *A* en *C* ¹, pour avoir le centre du dodécagône, dont la corde est de cent quatre - vingt toises. Tracez du point *C* ¹, le quart de la circonférence, *t A u*, & les rayons *t C* ¹, *u C* ¹. Du point *A*, portez sur cette même circonférence, cent quatre-vingt toises de *A* en *O*, & de *A*, en *T*. Prenez ces deux lignes pour des diamètres d'un cercle, dans lequel vous formerez les deux triangles rectangles & isoceles *A M O*, & *A V T*. Enfin, tirez des points *O* & *T*, au point d'interfection des rayons du quart de cercle avec les lignes *A B*, & *A Z*, les lignes *O D* & *T X*, & vous aurez la construction entiere du quart du dodécagône relatif à l'angle de la figure *A*, ce qui donne sur la ligne *A B*, le point *D*, & la partie *A D*, de la ligne *A B*, égale à la moitié de *A O*, sinus total, plus au sinus de soixante degrés,

D d 2

valant enfemble deux cent quarante-fix toifes.
Répétez , pour l'angle *B* , la même conftruction,
& vous aurez de même , le point *K* , diftant de
deux cent quarante-fix toifes du point *B* , & les
trois faillants *L*, *B*, *p* ; alors tirez de *O* en *L* , une
parallele à la ligne *A B* , pour déterminer les
extrémités des angles faillants à intercaler ; &
portez fur la ligne *A B* , de *D* en *K* , trois hypoténufes *D F*, *F H*, *H K* ; fur lefquelles ayant
formé les trois angles droits *E* , *G* & *I* , la conftruction relative à la ligne *A B* , fera totalement
terminée ; & comme les points *X* & *rr*, auront
été également déterminés fur les côtés *A Z* &
B W, on tirera des points *p* & *T*, deux paralleles
à ces lignes , pour fixer le fommet des angles
droits *q* & *Y*, à intercaler de chaque côté ; lefquels
angles feront formés en portant cent quatre-vingt
toifes de *r r* en *q q* , & de *X*, en *x x*, & les points
Y & *q*, fommets des angles intercalés , détermi-
neront la moitié de la figure. Opérant de même
pour l'autre moitié, on aura la totalité.

Nous avons fixé, dans cet exemple, la longueur de la ligne *A B* , de mille trente-deux
toifes, & celle des lignes *A Z* & *B W*, à fix cent

foixante-douze toifes, afin d'avoir les hypoténufes
de cent quatre-vingt toifes, qui eft la diftance
des angles flanqués des baftions ; mais fi ces lignes
n'avoient eu, l'une, que mille deux toifes, &
l'autre fix cent cinquante-deux, on auroit réduit
les hypoténufes, ou côtés, à cent foixante-quinze
toifes, & l'on auroit eu le même nombre de faillants. Dans cette proportion de l'hypoténufe, le
finus de foixante degrés eft de cent cinquante-un,
& le demi-finus total étant de quatre-vingt-fept
& demi, fait que la ligne *A D*, vaudra deux cent
trente-huit toifes & demie. La ligne *B K*, étant de
même longueur, fait pour ces deux lignes, quatre
cent foixante-dix-fept toifes, lefquelles ôtées de
mille deux toifes, valeur de la ligne *A B*, refte
cinq cent vingt-cinq toifes, ou trois fois cent
foixante-quinze toifes, ce qui donne pour la ligne
A B, trois faillants à intercaler, & comme, en
ôtant les mêmes quatre cent foixante-dix-fept
toifes, de fix cent cinquante-deux toifes, valeur du
petit côté du rectangle, il ne refte que cent foixante-
quinze toifes, il réfulte qu'il n'y a, pour ce côté,
qu'un faillant à intercaler. On donnera, Planche
18 de cette premiere Partie, fur ces proportions,

le plan de la moitié d'une place à vingt faillants, telle que la Planche 10 du plan, & la Planche 11 des profils en ont fait connoître les détails.

On a vu par ce qui précéde, que toutes les fois que la ligne à fortifier n'a que cinq cent quatre-vingt-feize toifes d'étendue, & au-deffous, elle eft dans le cas de la *fig.* 4; c'eft-à-dire, que les hypoténufes de fes faillants feront déterminés par le quart de la circonférence d'un cercle, dont le centre fera au fommet d'un triangle rectangle ifocele, dont elle fera l'hypoténufe; mais lorf-que ces lignes font plus étendues, & qu'il eft néceffaire d'y intercaler un ou plufieurs faillants, alors la longueur des hypoténufes ne fera déter-minée que par des combinaifons femblables aux deux précédentes, que nous avons faites pour fervir d'exemple; car on ne peut la déterminer géométriquement; puifqu'il faudroit que la quan-tité des hypoténufes fût toujours la même pour toutes les lignes.

Si l'angle formé par les deux lignes du po-lygône à fortifier étoit obtus, alors il faudroit opérer par chaque ligne particulierement, comme fi elle étoit feule; c'eft-à-dire, de l'extrémité *A*,

de la ligne $A\,B$, (*fig.* 5, même Planche), confi-
dérée feule, tirer la ligne $A\,C^2$, faifant avec $A\,B$,
un angle de quarante - cinq degrés , & portant
les trois cent quarante - huit toifes, longueur du
rayon, fur cette ligne, fuppofant les hypoténufes
fixées à cent quatre-vingt toifes , déterminer le
centre du dodécagône au point C^1, (ce qui
pourroit fe faire également par la valeur connue
de la partie $A\,D$, de la ligne $A\,B$, fur laquelle
élevant une perpendiculaire , elle couperoit au
point C^1, la ligne $A\,C$) de ce point & de l'ouverture $C^1\,A$, décrire un huitieme de la circonférence du cercle , fur lequel on opérera comme
on a fait , pour le quart de la circonférence, lorfque l'angle de la figure étoit droit : enfuite ne
confidérant plus que l'autre ligne $Z\,A$, tirer de
même , du point A, une autre ligne $A\,C^4$, faifant
avec elle, un angle de quarante - cinq degrés,
fixant fur cette ligne, un centre C^3, à la même
diftance que le précédent ; formant de ce centre
un huitieme de circonférence, & répétant fur
cette portion de cercle, les opérations faites fur
l'autre, on aura la même figure que la précédente,
excepté que l'angle A fera plus ouvert.

Mais, fi les deux angles *A* & *B*, faits par les deux lignes *Z A* & *W B*, avec la ligne *A B*, étoient aigus, qu'ils fuſſent de ſoixante degrés chacun, alors ces trois lignes ne pourroient être que les côtés d'un triangle équilatéral dont chaque côté feroit la corde d'un arc de cent vingt degrés, ou le tiers d'un cercle, dans lequel le triangle feroit infcrit. C'eſt ce qu'on voit, *fig. 6*, où l'on a fuppofé que la ligne donnée n'avoit pas plus de fix cent toifes ; & dès que cette ligne eſt la corde d'un angle au centre de cent vingt degrés; il fuit qu'elle fait, avec le rayon *A C*, un angle de trente degrés; ce qui fait voir que la ligne *A C*, coupe encore, dans ce cas-ci, l'angle des deux lignes de la figure, en deux parties égales; feulement l'angle du rayon *A C*, avec la ligne *A B*, change ainfi que l'angle de cette même ligne, avec l'hypoténufe, ou côté du dodécagône *A O*, qui eſt dans ce cas, de quarante-cinq degrés. Il réfulte de même, de ce que la ligne *A B*, eſt la corde d'un arc de cent vingt degrés, que fa moitié *A R*, eſt le finus de la moitié de cet angle, ou de foixante degrés ; ce qui donne la valeur de *A C*, ou du finus total, rayon du cercle, dont *A B* eſt la corde.

Mais

Mais fans avoir recours au calcul, on aura également ce rayon, en divifant l'angle de la figure ZAB, ou WBA, en deux également, par la ligne AC, ou BC, prolongée jufqu'à ce qu'elle coupe la perpendiculaire CE à la ligne AB, qui la divife dans cet exemple, en deux parties égales; le point d'interfeċtion de ces deux lignes fera néceffairement le centre du cercle.

Maintenant la conftruċtion eft, on ne peut pas plus fimple, puifqu'il fuffit de divifer l'angle de cent vingt degrés en quatre angles de trente, & tirer les cordes AO, OE, EL, LB, qui font autant d'hypoténufes, fur chacune defquelles on formera les triangles reċtangles & ifoceles AMO, ODI, EKL & LlB.

En confidérant cette conftruċtion on voit que la ligne AB, eft égale à $AM + Md + dg + gl + lB$; mais à caufe de $AM = dg = lB$, & de $Md = gl$. AB, eft égal à $3AM + 2Md$. Or, AM, ou OD, étant pris pour finus total, Md, eft le finus de foixante degrés, puifque l'angle M, eft néceffairement de trente degrés; on aura alors la valeur de AB, égale à $3AM$, ou trois finus total. Plus, deux finus de foixante degrés, d'où il fuit que la proportion de la ligne de défenfe *A M*, à toute la ligne *A B*, eft *A B* : *A M* :: 3 , finus total + 2 , finus foixante degrés : finus total. Par les Tables *A B* : *A M* :: 473204 : 100000.

Mais pour trouver le rapport de *A B*, à *A O*, même figure, on tirera la ligne *O B*, & l'on remarquera que dans le triangle *A B O*, l'angle *A B O*, eft de quinze degrés, puifqu'étant à la circonférence, il s'appuie fur un arc de trente degrés ; on fait que l'angle *M A O*, eft de quarante-cinq ; on fait de même que l'angle extérieur *B O t t*, fupplément de l'angle *A O B*, vaut les deux angles *A B O* & *B A O* ; c'eft-à-dire, foixante degrés. Or, on fait de même que dans tout triangle qui a un angle obtus, le côté oppofé à l'angle obtus, eft au côté oppofé à l'un ou l'autre des angles aigus, comme le finus de fupplément de l'angle obtus, eft au finus de l'angle aigu : ainfi, on aura cette proportion *A B* : *A O* :: finus foixante degrés : finus quinze ; & par les Tables *A B* : *A O* :: 866025 : 258819.

Si on vouloit avoir de même, par les finus, le rapport de *A B* à *A M*, *fig.* 4 , ou de la donnée à la ligne de défenfe, on a *A B = A f + f u + u k + k B*. Or, prenant *A M*, pour finus total, les quatre lignes égales $A f$, $f u$, $u k$, $k B$, font chacune le finus de foixante-quinze degrés, ce qui donne $A B : A M :: 4$, finus foixante-quinze degrés: finus total. Et par les Tables $A B : A M :: 386368 : 100000$.

Mais, fi la perpendiculaire $C^1 E$, abaiffée du point C^1, fur la ligne $A B$, ne la coupoit pas en deux parties égales ; qu'il y eût deux perpendiculaires $C^1 E$, $C^2 I$, comme on le voit *fig.* 7 , & qu'il fe trouva de plus de chaque côté une partie $e R$, ou $R I$, qui fût de moins de deux cent toifes de longueur, alors il faudroit tirer du point E, une parallele à la ligne $A B$, & porter fur cette nouvelle ligne , la même diftance $e R$, de E en G, qui feroit un nouveau côté de polygône , fur lequel on formeroit le triangle rectangle & ifocele $E F G$, & l'on répéteroit la même conftruction fur la partie $R B$, de la ligne $A B$, pour avoir le triangle $G H I$, ce qui formeroit cinq faillants fur la ligne $A B$.

L'on fent bien que fi le reftant $e R$, de la moitié de la ligne $A B$, n'eût été qu'environ moitié d'un des côtés déjà déterminés $A O$, ou $O E$, après avoir tiré du point E, une parallele à la ligne

A B, on auroit porté fur cette ligne deux fois cette quantité, pour y avoir un côté de polygône à-peu-près égal aux autres, & alors l'on auroit formé l'angle droit fur le tout; ce qui ne feroit, dans ce cas, qu'un côté intercalé au lieu de deux.

De même, fi le reftant *e R*, fe trouvoit égal à un côté & demi du polygône, ou bien à deux côtés, ou bien même à trois côtés, on intercaleroit trois faillants, ou quatre, ou fix, &c.

Delà, il eft vifible qu'un polygône de trois côtés, de quelqu'étendue qu'ils foient, peut être fortifié régulierement avec le même avantage & avec le même degré de force que le quarré & tous les autres polygônes. La *fig.* 8 eft le premier trait d'un triangle de vingt-quatre faillants, dont chaque côté eft de mille trois cent vingt-deux toifes, où les mêmes lettres fe trouvant répondre aux mêmes angles, font connoître la fimilitude de cette conftruction avec les précédentes.

Nous avons fuppofé, jufqu'à préfent, toutes les lignes de défenfe égales entr'elles; mais il pourroit y avoir des cas, où le terrain ne permettroit pas de s'étendre en avant autant qu'il eft néceffaire, pour avoir cette égalité; & fi l'angle

de la figure fe trouvoit en même-tems de foixante
degrés, ou à-peu-près, comme il a été fuppofé,
fig. 6, 7 & 8, alors ne pouvant rien prendre fur cet
angle, il feroit indifpenfable de diminuer les Planche
lignes de défenfe des trois faillants *O*, *E*, *L*, tels 16.
qu'ils l'ont été, *fig.* 1, Planche 16 ; alors en les *Fig.* 1.
fixant à quarante-fix toifes & demie, qui eft une
proportion fufceptible d'une bonne défenfe, ainfi
qu'on l'a vu ci-deffus, Planche 17, à l'occafion
du quarré baftionné devenu dodécagône ; on aura
la valeur totale de la ligne *A B*, de deux cent vingt
toifes ; ce qui donnera, dans ce cas, celle de la
ligne *M l*, même *fig.* de cent vingt-fept toifes.
Or la valeur de cette derniere ligne étant connue,
dans tous les cas où les lignes de défenfe ont
quarante-fix toifes & demie, il fera facile de
déterminer la plus grande étendue du côté qu'on
peut fortifier de cette maniere, dans ces mêmes
cas, puifqu'en donnant cent cinquante toifes de
longueur aux lignes de défenfe des extrémités
de la figure, c'eft-à-dire, *fig.* 2, Planche 16, aux
lignes *A M* & *B l*, on aura la totalité de la ligne
A B, égale à quatre cent vingt-fept toifes ; alors
cette ligne formera le côté d'un triangle ou d'un

quarré, ou de tel autre polygône qu'on voudra, ainfi qu'on peut le voir, *fig.* 3, 4 & 5, Planche 16.

Mais fi le côté avoit à-peu-près le double d'étendue, c'eft-à-dire, environ huit cent cinquante toifes de *A* en *B*, *fig.* 6 ; que l'angle du polygône fût le même, & que le terrain ne permît fur toute cette longueur que la même faillie, alors on répéteroit la même conftruction, pour avoir un polygône triangulaire *A B a*, tel qu'il eft tracé, *fig.* 6 ; & l'on pourroit faire de même, en pareil cas, un quarré, un pentagône, ou tel autre polygône convenable à la nature des emplacemens.

D'où l'on voit que cette théorie feroit fufceptible d'un affez grand détail, fi l'on entreprenoit de l'étendre à tous les cas, & de donner des tracés pour toutes les différentes longueurs & inclinaifons des lignes ; mais ce feroit moins éclairer l'efprit que l'embarraffer. Il fera facile de trouver des conftructions applicables aux circonftances locales. Nous nous bornerons donc à donner dans la Planche 18, un exemple d'un polygône rectangle de vingt faillants, dont cette Planche repréfente feulement la moitié.

L'on voit, Planche 18, la moitié du parallelogramme rectangle, dont nous avons donné le premier trait, Planche 15, *fig*. 3; aucune place de l'Europe n'a une plus grande enceinte, & aucune place ne feroit auffi forte. On en a vu le détail dans le plan plus en grand de deux faillants, Planche 10, & les profils, Planche 11; une plus grande explication feroit inutile. Les mêmes lettres, ainfi que les mêmes lignes de profil qui fe trouvent fur cette Planche 10, font également fur cette Planche 18, afin de faire connoître le rapport de ces trois Planches. On obfervera feulement que l'intérieur de chacun des faillants doit être retranché avec des tours angulaires, & de la même maniere que les deux angles aigus, & l'angle droit l'ont été dans ce plan, & que toutes les places d'armes doivent également avoir des réduits; les trois exemples qu'on a donné de l'un & de l'autre devant fuffire. On a fuppofé auffi qu'une partie de l'enceinte pouvoit être inondée, comme on le voit exprimé fur les glacis de plufieurs fronts de cette Planche.

Mais cette régularité de figures fe trouve rarement dans les enceintes, ainfi que dans les terrains.

Il fera donc indifpenfable de faire voir comment on peut plier cette méthode dans tous les cas. Nous aurons à connoître auffi comment on pourra diminuer de beaucoup la dépenfe, lorfque les places feront moins importantes, ou lorfqu'il s'y trouvera des parties de leur enceinte moins expofées, par quelques obftacles dont elles feront couvertes ; mais comme il fera néceffaire en même-tems d'y placer les forts, dont ces places doivent être environnées, il eft à propos de traiter de ces différens forts, avant de faire mention des remparts & enceintes angulaires irréguliers. C'eft dans la feconde Partie que nous traiterons de cet objet important. C'eft, on ofe le dire, la Partie effentielle de cet Ouvrage. Nous avons, dans celle-ci, plus détruit qu'édifié : nous y avons traité les méthodes générales : il nous refte à traiter des applications particulieres, d'autant plus intéref- fantes, qu'elles font d'un ufage plus fréquent. Nous avons à faire connoître en détail, plufieurs forts quarrés, triangulaires & ronds, de différentes compofitions & grandeurs. Ce que nous avons dit dans cette premiere Partie, n'en peut donner aucune idée. C'eft dans ces fortes de forts que ces

formidables

formidables pieces , que nous avons nommées
caponnieres casematées , trouveront leur place.
Des deſſins nombreux , & plus détaillés encore
que ceux de la premiere Partie , en donneront la
connoiſſance la plus complette. Une partie non
moins intéreſſante , & totalement neuve , qui s'y
trouve auſſi , ce ſont nos retranchemens de campagne , & nos lignes de circonvallation , avec les
diſpoſitions qui ſont propres à leur défenſe. Enfin
ſi nous ſommes aſſez heureux pour qu'on reconn-
noiſſe quelque mérite dans cette premiere Partie ,
nous eſpérons qu'on n'en trouvera pas moins dans
la ſeconde : & il ne tiendra pas à nous que ſa pu-
blication ne ſuive de près celle de la premiere.

Fin de la premiere Partie & du Tome premier.

Tome I.   F f

TABLE

DES CHAPITRES ET DES MATIERES

contenus dans ce Tome premier.

ERRATA.

AVANT-PROPOS.

Page ij, *ligne* 10, n'étant pas, *liſez* n'étant.
Page xj, *ligne* 4, de l'irréguliere, *liſez* des irrégulieres.
Page xiij, *ligne* 9, degré, *liſez* degrés.
Page xiv, *ligne* 13, il s'y trouvent, *liſez* il s'y trouve.

PREMIERE PARTIE.

Page 47, *ligne* derniere, par toute, *liſez* pour toute.
Page 128, *ligne* 20, des feux attaqués, *liſez* des feux exprimés.

LÉGENDE

Pour l'explication des Lettres & des Chiffres relatifs au Plan de Stétin & de ses attaques, Planche II.

1. Redoutes & batteries sur la chaussée de la Stadie, garnies de palissades, de chevaux-de-frises & de doubles fossés, où campoit en plus grande partie le Régiment de Schounig.

2. Petits fossés pour couvrir les approches, & les garantir des sorties.

3. Ouvrage destiné à protéger l'assaut que l'ennemi vouloit donner au bastion vis-à-vis qui étoit battu en breche.

4. Premiere batterie électorale de Lunebourg, dont la ville fut battue le 4 Août.

5. Ancien ouvrage du tems de Gustave Adolphe, pour la plus grande partie tombée en ruine.

6. Grande batterie de 36 pieces de canon & 18 mortiers.

7. Batterie pour les boulets rouges qui ne pouvoit pas être vue du rempart.

8. Entrée des mineurs des assiégeans aux deux attaques, pour chercher les mines de la place, & aller vers la contrescarpe.

22. Batteries derriere le mur, qui commandoient les coupures & le grand rempart.

23. Redoutes des ennemis pour la communication & pour défendre l'approche des rivieres.

24. Sappe & galerie vers le baſtion où l'ennemi avoit 5 pieces de canon.

25. Grande coupure de paliſſades, pourvue d'un foſſé.

26. Vieux rempart qui a ſervi de grande coupure, & a été garni de canon.

27. Retranchement pour défendre l'abord de la porte du Saint-Eſprit.

28. Cinq parties ſouterrainées qui ſe trouvoient autour de la ville.

29. Baſtion du Saint-Eſprit.

30. Baſtion de Paſſavale.

31. Baſtion du Roi.

32. Baſtion dit (Cavalier).

33. Baſtion de Mullen.

34. Baſtion de Saint-Pierre.

35. Baſtion de Kaggen.

36. Baſtion de la Vierge.

VIS AU RELIEUR.

elieur placera toutes les Planches suivant
de leur numero, à la fin de ce Volume.

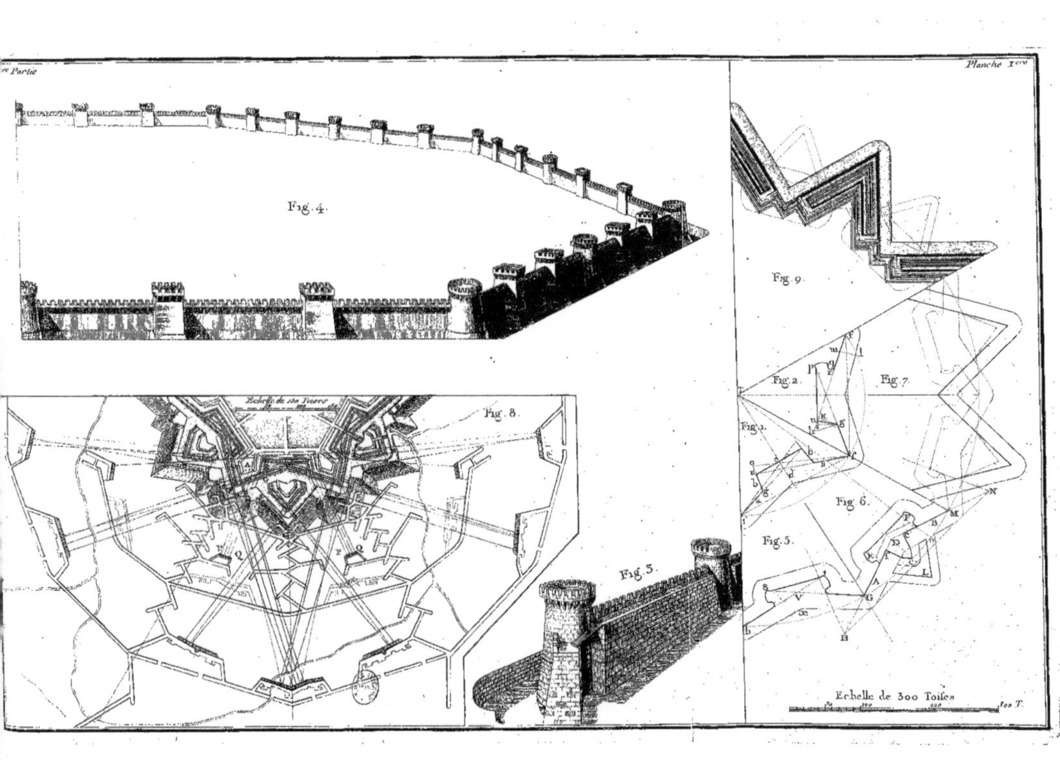
Fig. 4.
Fig. 9.
Echelle de 180 Toises
Fig. 8.
Fig. 2.
Fig. 7.
Fig. 1.
Fig. 6.
Fig. 5.
Fig. 3.
Echelle de 300 Toises

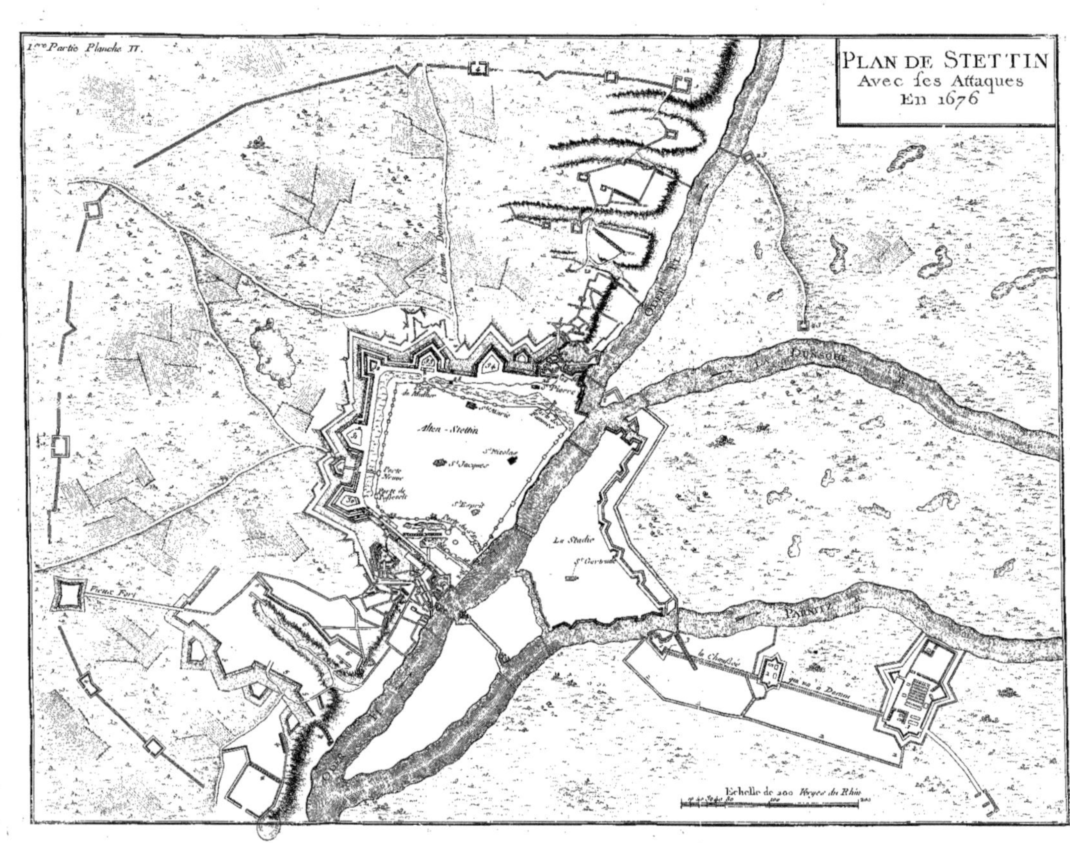

Plan de Stettin avec fes Attaques en 1676.

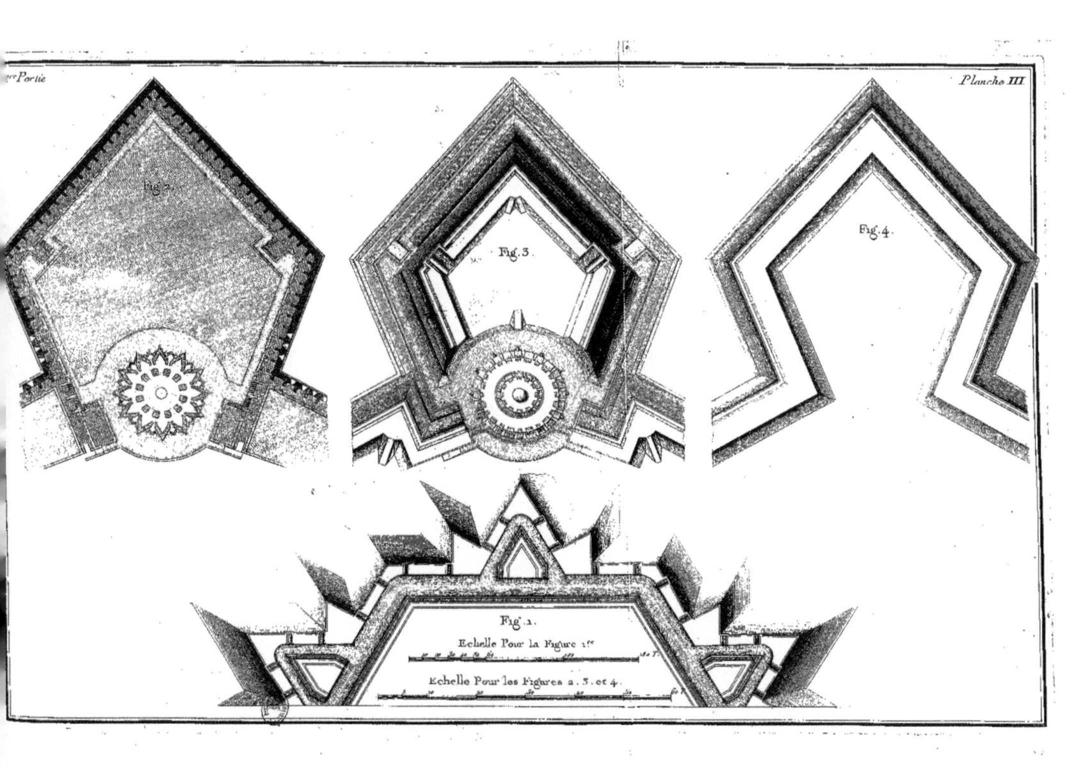
r.Partie
Planche III
Fig.2.
Fig.3.
Fig.4.
Fig.1.
Echelle Pour la Figure 1.re
Echelle Pour les Figures 2.3.et 4.

1.ere Partie
Echelle de 200 Toises
80
100
200 T.
Planche IV.
n.° 3.
n.° 1.
n.° 2.
d
d
d
c
f

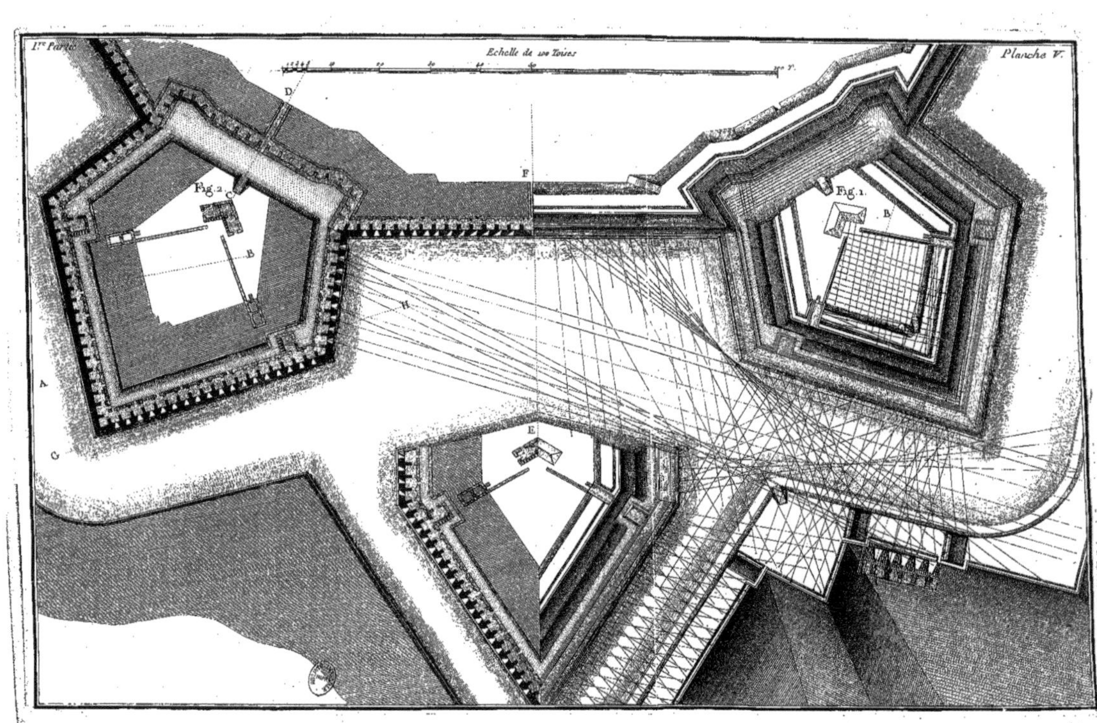

I.re Partie
Planche V.
Echelle de 100 Toises
Fig. 1.
Fig. 2.

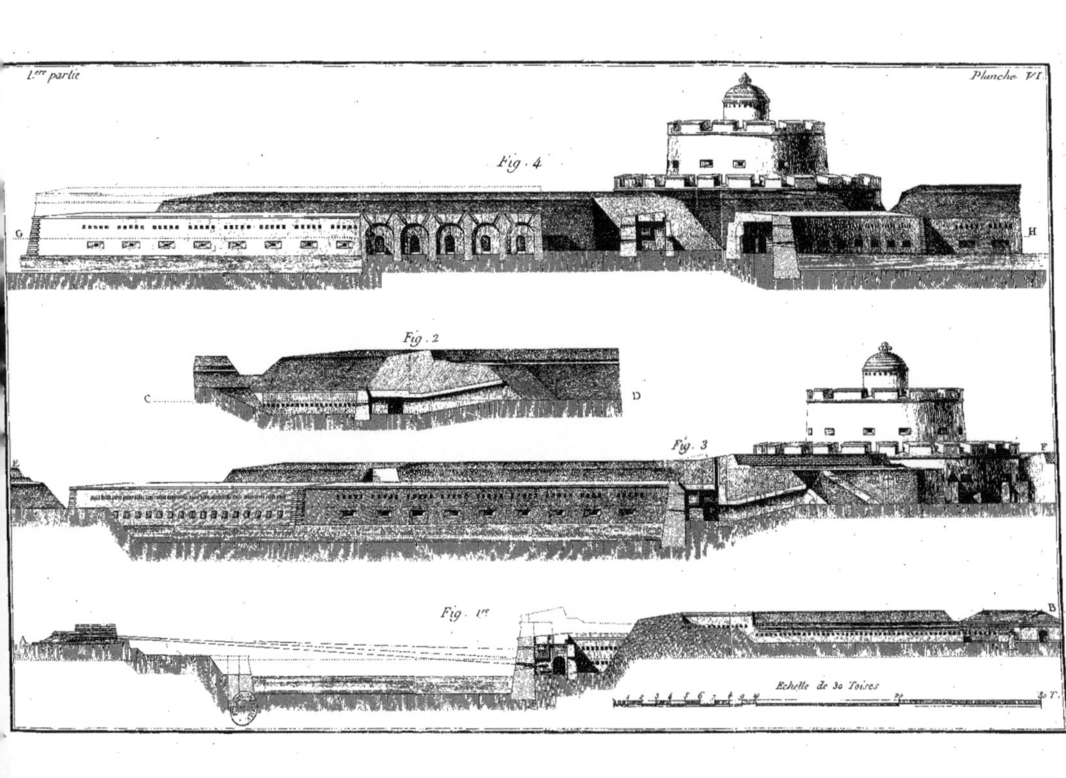
Fig. 4
G
H
Fig. 2
C
D
Fig. 3
E
F
Fig. 1.re
B
Echelle de 30 Toises
30 T.

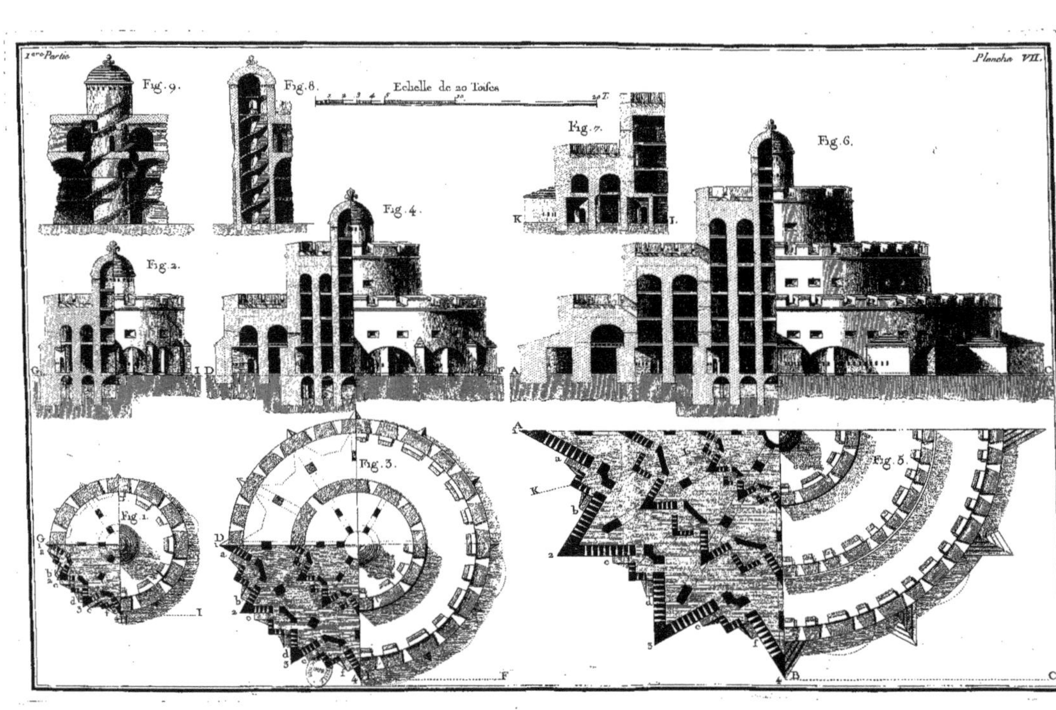

1ere Partie
Planche VII.
Fig. 9.
Fig. 8.
Echelle de 20 Toises
Fig. 7.
Fig. 6.
Fig. 4.
Fig. 2.
Fig. 3.
Fig. 1.
Fig. 5.

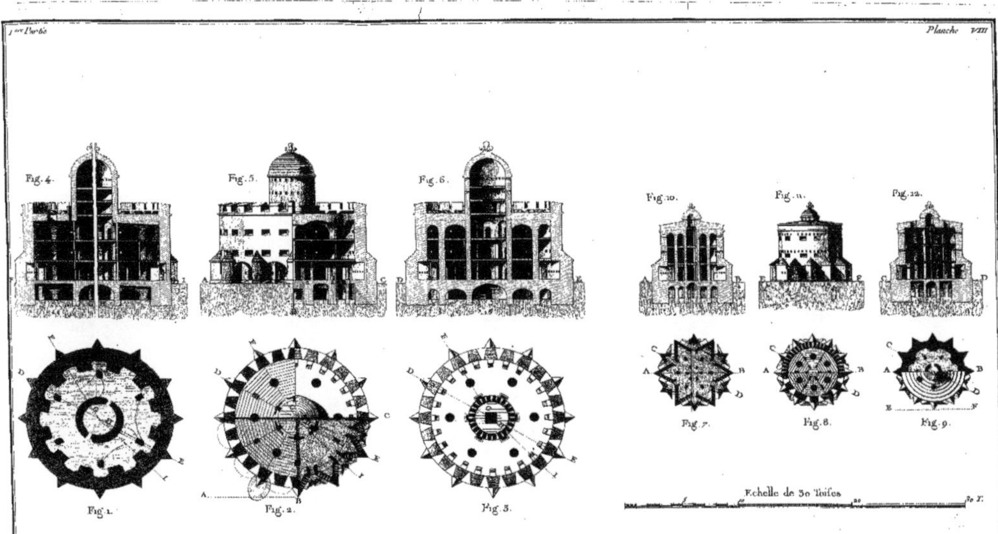
Fig. 4.
Fig. 5.
Fig. 6.
Fig. 10.
Fig. 11.
Fig. 12.
Fig. 1.
Fig. 2.
Fig. 3.
Fig. 7.
Fig. 8.
Fig. 9.
Echelle de 30 Toises.

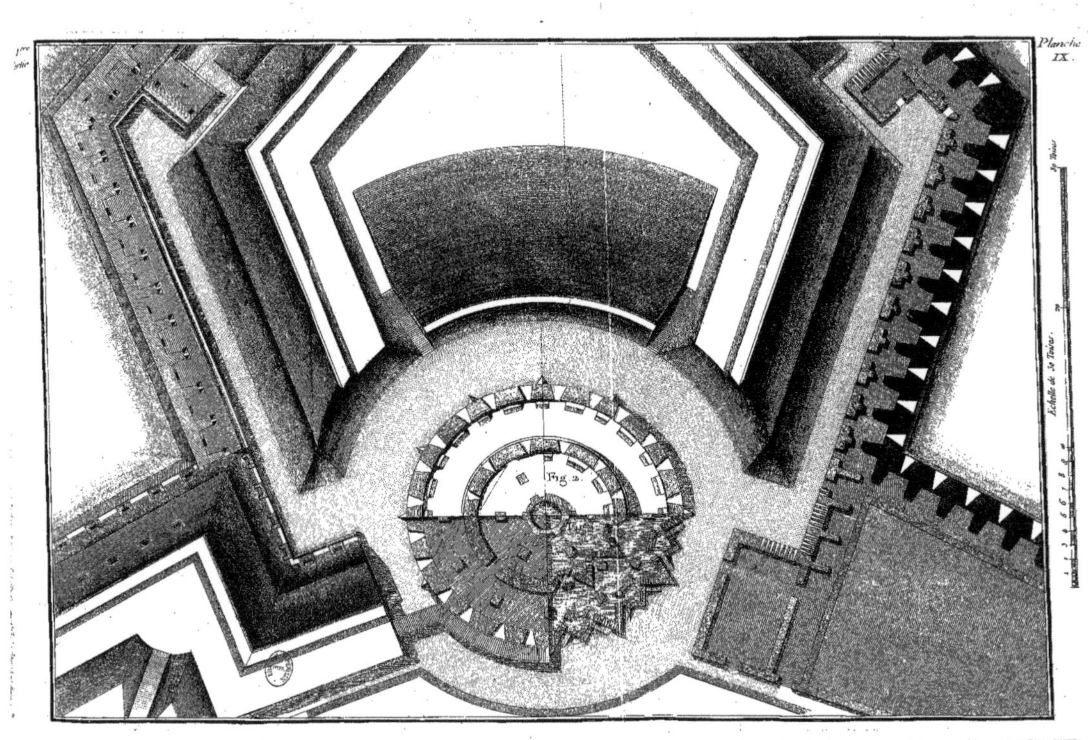

Planche
IX.
1ere
partie
Fig. 2.
Echelle de 30 Toises.
30 Toises

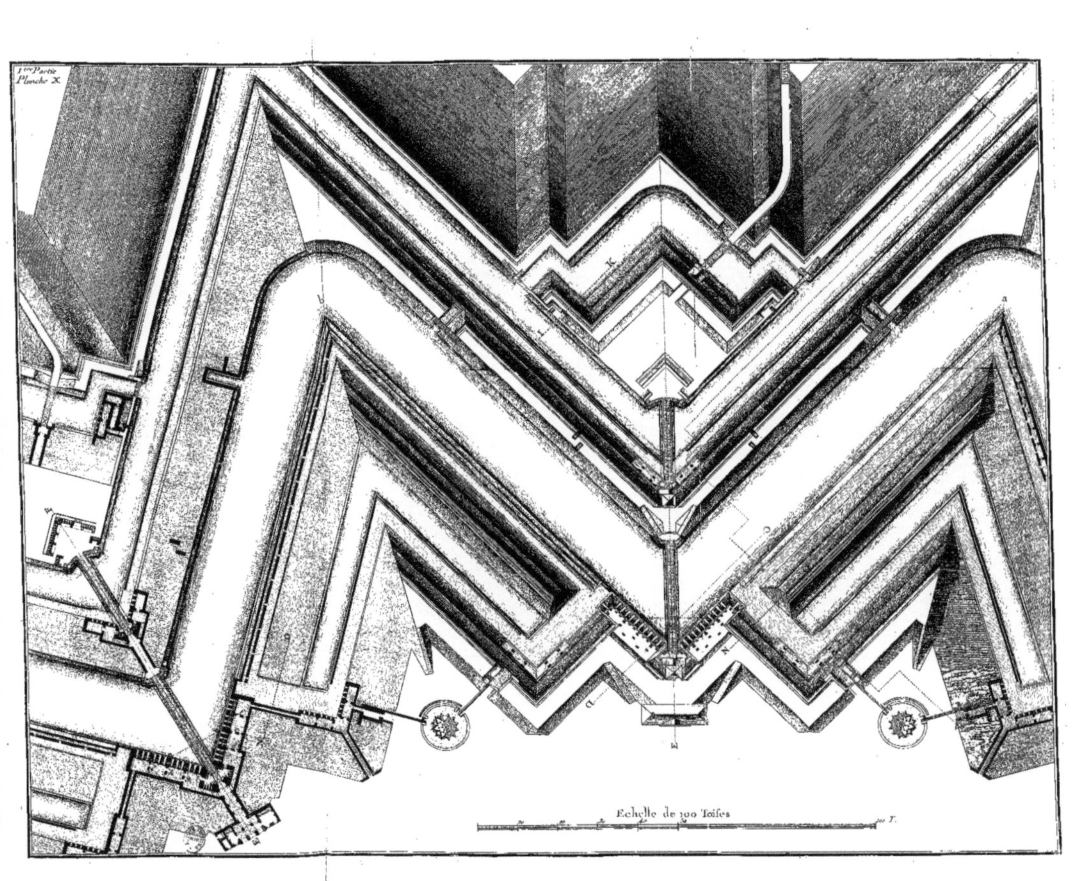

1.ere Partie
Planche X.
Echelle de 300 Toises

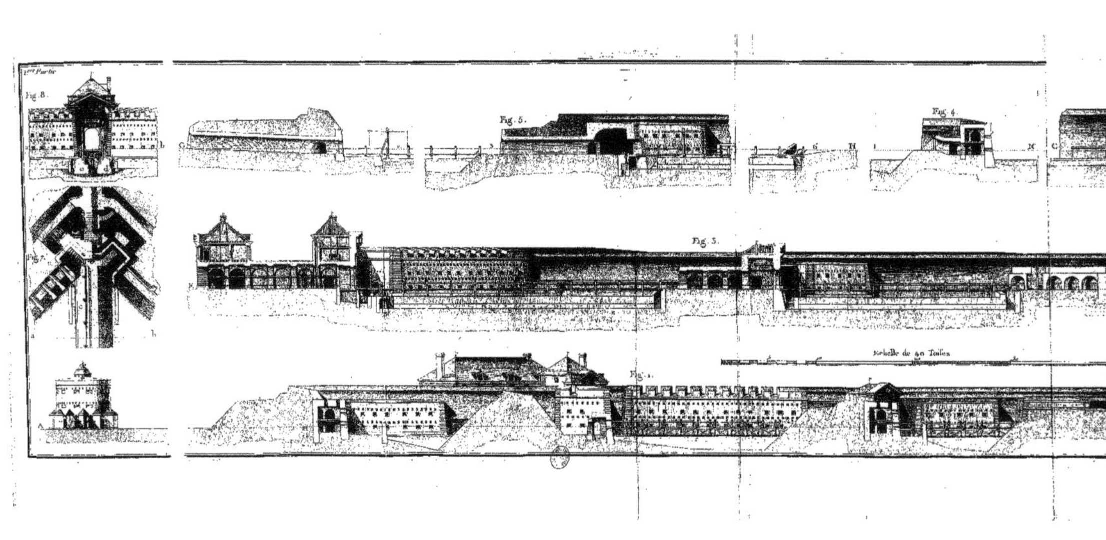

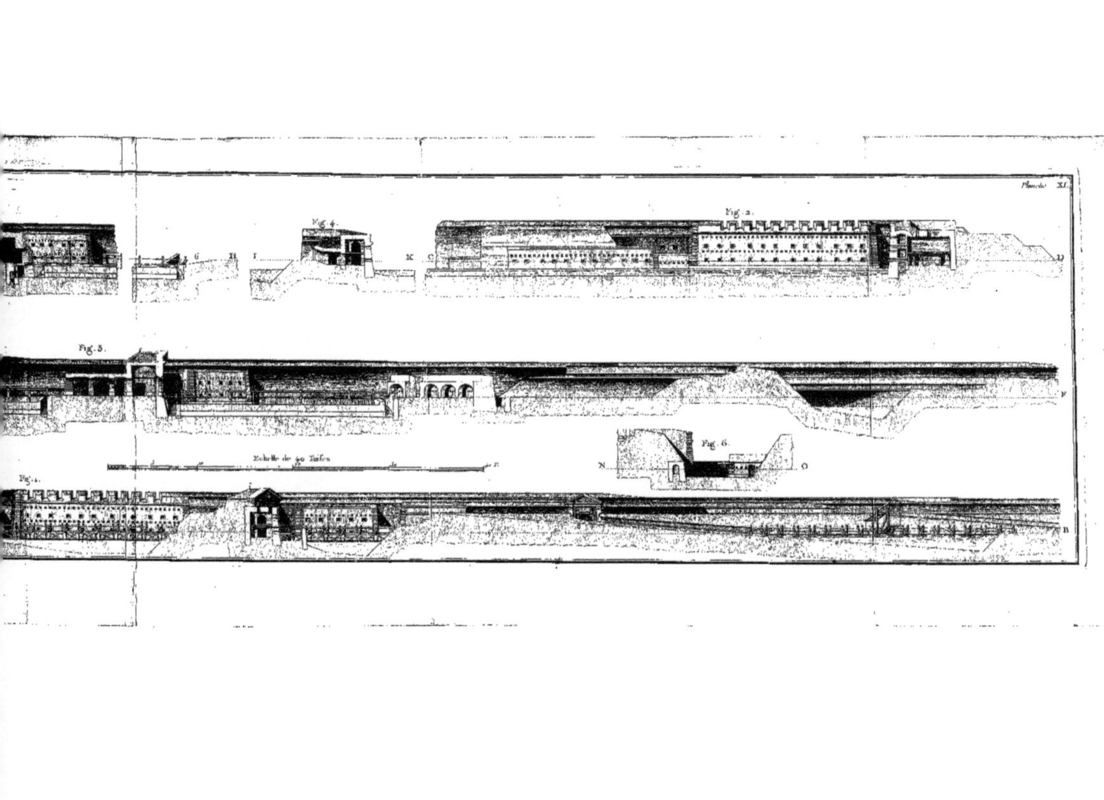

Planche XI.
Fig. 4.
Fig. 3.
Fig. 5.
Fig. 6.
Fig. 1.
Echelle de 40 Toises.

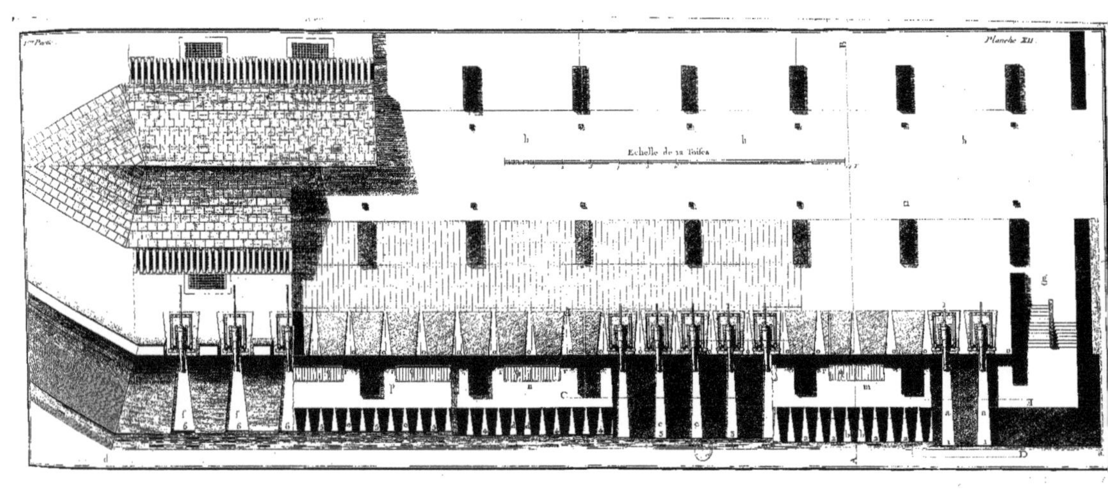

Planche XII.
Echelle de 12 Toises

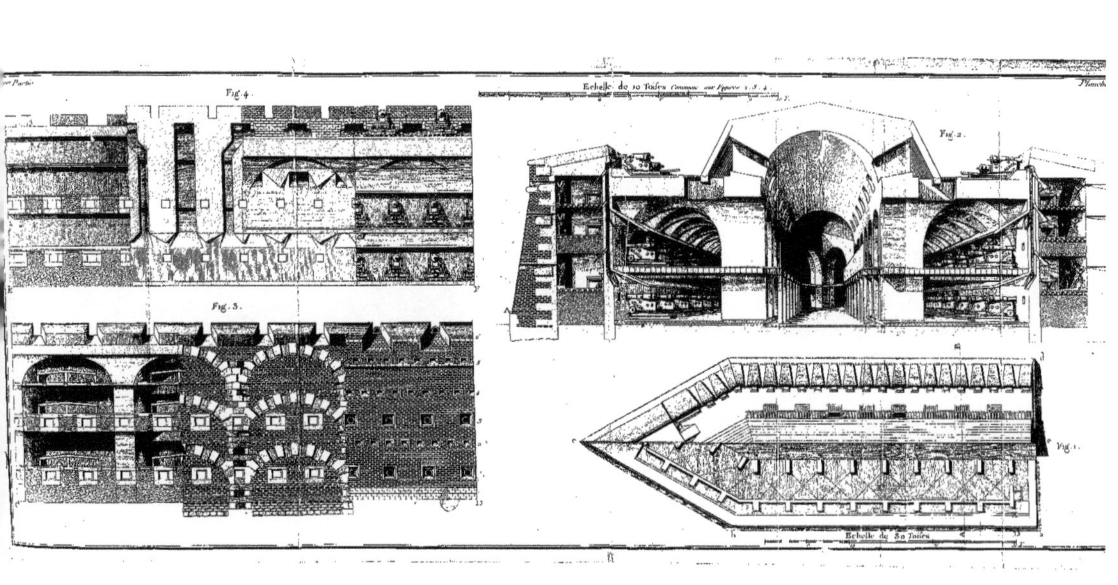
1.re Partie
Planche
Echelle de 10 Toises commun aux figures 2. 3. 4.
Fig. 4.
Fig. 3.
Fig. 2.
Fig. 1.
Echelle de 80 Toises

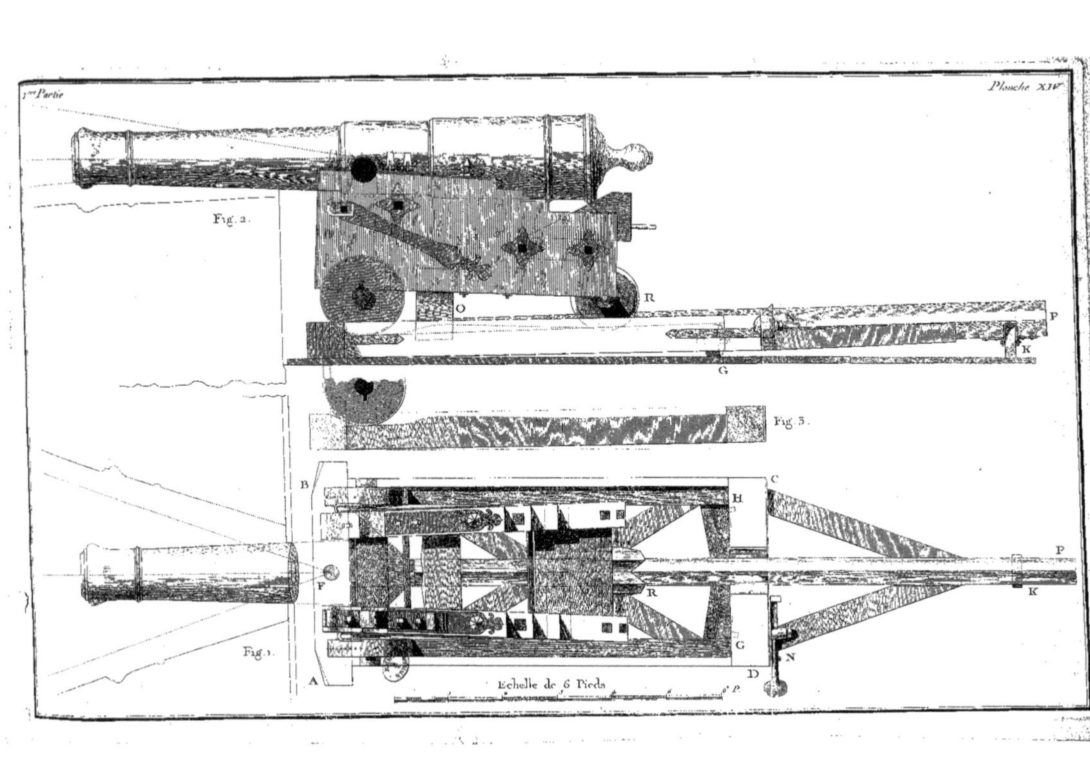

1.re Partie
Planche XIV.
Fig. 2.
O
R
P
K
G
Fig. 3.
B
C
H
P
F
R
K
G
N
A
D
Echelle de 6 Pieds
Fig. 1.

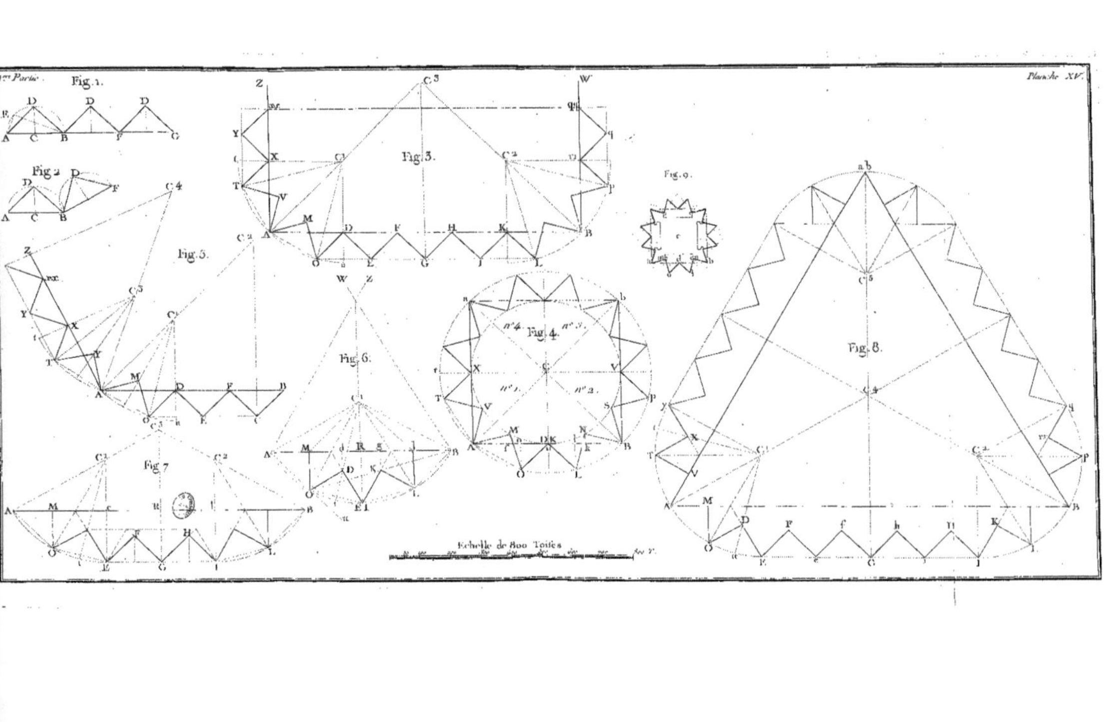

2.me Partie.
Fig. 1.
Planche XV.
Fig. 2.
C 4
Fig. 3.
Fig. 5.
Fig. 9.
Fig. 4.
n° 4   n° 3
n° 1   n° 2
Fig. 6.
Fig. 8.
Fig. 7.
Echelle de 800 Toises.

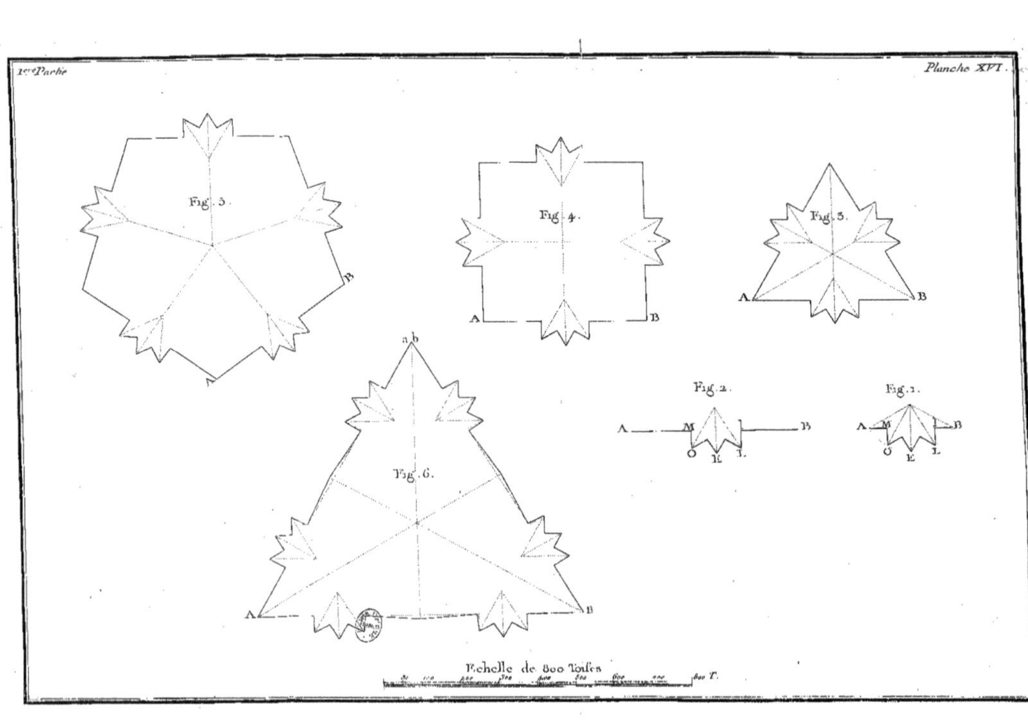

Fig. 3.
Fig. 4.
Fig. 5.
Fig. 6.
Fig. 2.
Fig. 1.
B
A
B
A
B
a b
A
B
A M B
O N L
A M B
O E L
Echelle de 800 Toises.
100 200 300 400 500 600 700 800 T.

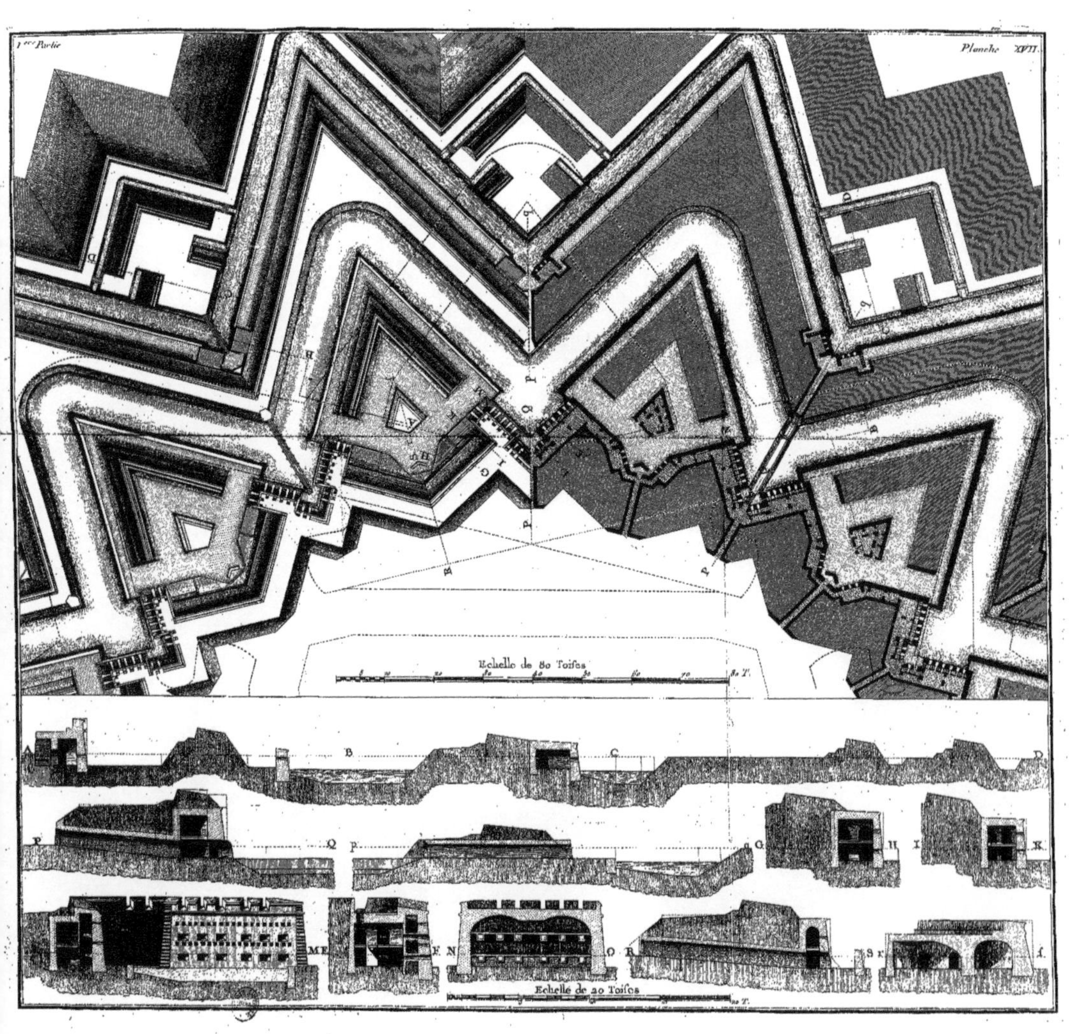

1.ere Partie
Planche XVII.
Echelle de 80 Toises
Echelle de 20 Toises

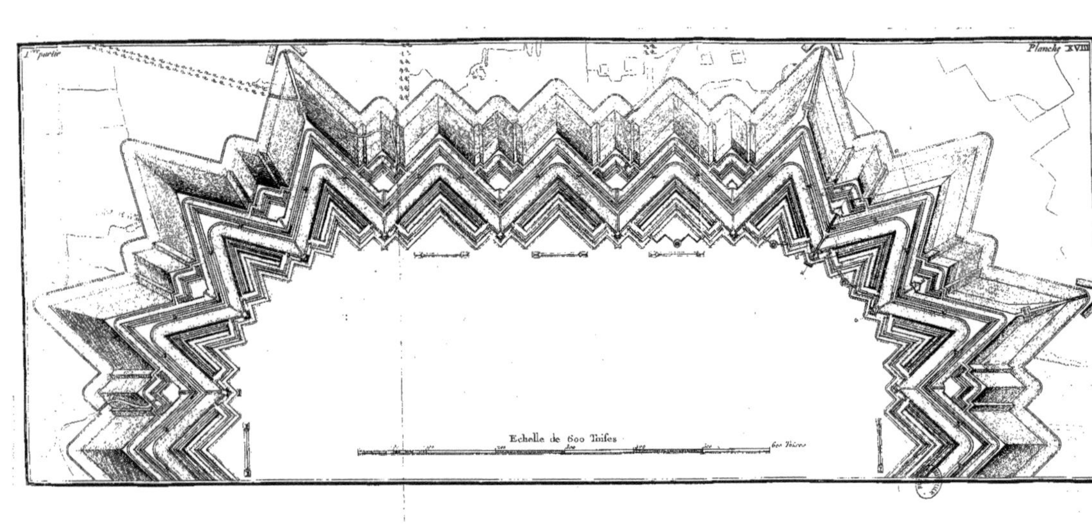
1.ere partie
Planche XVIII
Echelle de 600 Toises
600 Toises